実践的技術者のための
電気電子系教科書シリーズ

コンピュータアーキテクチャ

曽我正和
新井義和 共著

理工図書

発刊に寄せて

人類はこれまで狩猟時代，農耕時代を経て工業化社会，情報化社会を形成し，その時代時代で新たな考えを導き，それを具現化して社会を発展させてきました。中でも，18世紀中頃から19世紀初頭にかけての第1次産業革命と呼ばれる時代は，工業化社会の幕開けの時代でもあり，蒸気機関が発明され，それまでの人力や家畜の力，水力，風力に代わる動力源として，紡績産業や交通機関等に利用され，生産性・輸送力を飛躍的に高めました。第2次産業革命は，20世紀初頭に始まり，電力を活用して労働集約型の大量生産技術を発展させました。1970年代に始まった第3次産業革命では電子技術やコンピュータの導入により生産工程の自動化や情報通信産業を大きく発展させました。近年は，第4次産業革命時代とも呼ばれており，インターネットであらゆるモノを繋ぐIoT（Internet of Things）技術と人工知能（AI：Artificial Intelligence）の本格的な導入によって，生産・供給システムの自動化，効率化を飛躍的に高めようとしています。また，これらの技術やロボティクスの活用は，過去にどこの国も経験したことがない超少子高齢化社会を迎える日本の労働力不足を補うものとしても大きな期待が寄せられています。

このように，工業の技術革新はめざましく，また，その速さも年々加速しています。それに伴い，教育機関にも，これまでにも増して実践的かつ創造性豊かな技術者を育成することが望まれています。また，これからの技術者は，単に深い専門的知識を持っているだけでなく，広い視野で俯瞰的に物事を見ることができ，新たな発想で新しいものを生みだしていく力も必要になってきています。そのような力は，受動的な学習経験では身に付けることは難しく，アクティブラーニング等を活用した学習を通して，自ら課題を発見し解決に向けて主体的に取り組むことで身につくものと考えます。

本シリーズは，こうした時代の要請に対応できる電気電子系技術者育成のための教科書として企画しました。全23巻からなり，電気電子の基礎理論をしっかり身に付け，それをベースに実社会で使われている技術に適用でき，また，新たな開発ができる人材育成に役立つような編成としています。

編集においては，基本事項を丁寧に説明し，読者にとって分かりやすい教科書とすること，実社会で使われている技術へ円滑に橋渡しできるよう最新の技術にも触れること，高等専門学校（高専）で実施しているモデルコアカリキュラムも考慮すること，アクティブラーニング等を意識し，例題，演習を多く取り入れ，読者が自学自習できるよう配慮すること，また，実験室で事象が確認できる例題，演習やものづくりができる例題，演習なども可能なら取り入れることを基本方針としています。

また，日本の産業の発展のためには，農林水産業と工業の連携も非常に重要になってきています。そのため，本シリーズには「工業技術者のための農学概論」も含めています。本シリーズは電気電子系の分野を学ぶ人を対象としていますが，この農学概論は，どの分野を目指す人であっても学べるように配慮しています。将来は，林業や水産業と工学の関わり，医療や福祉の分野と電気電子の関わりについてもシリーズに加えていければと考えています。

本シリーズが，高専，大学の学生，企業の若手技術者など，これからの時代を担う人に有益な教科書として，広くご活用いただければ幸いです。

2016 年 11 月　　　　　　　　　　編集委員会

実践的技術者のための電気・電子系教科書シリーズ
編集委員会

〔委員長〕柴田尚志　一関工業高等専門学校校長
　　　　　　　　博士(工学)（東京工業大学）
　　　　1975 年　茨城大学工学部電気工学科卒業
　　　　1975 年　茨城工業高等専門学校（助手，講師，助教授，教授を経て）
　　　　2012 年　一関工業高等専門学校校長　現在に至る
　　　著書　電気基礎（コロナ社，共著），電磁気学（コロナ社，共著），電気回路Ⅰ（コロナ社），身近な電気・節電の知識（オーム社，共著），例題と演習で学ぶ電磁気学（森北出版），エンジニアリングデザイン入門（理工図書，共著）

〔委員〕（五十音順）
　　青木宏之　東京工業高等専門学校教授
　　　　　　　(博士(工学)）（東京工業大学）
　　　　1980 年　山梨大学大学院工学研究科電気工学専攻修了
　　　　1980 年　（株）東芝，日本語ワープロの設計・開発に従事
　　　　1991 年　東京工業高等専門学校（講師，助教授を経て）
　　　　2001 年　東京工業高等専門学校教授　現在に至る
　　　著書　Complex-Valued Neural Networks Theories and Applications（World Scientific，共著）

　　高木浩一　岩手大学理工学部教授
　　　　　　　博士(工学)（熊本大学）
　　　　1988 年　熊本大学大学院工学研究科博士前期課程修了
　　　　1989 年　大分工業高等専門学校（助手，講師）
　　　　1996 年　岩手大学助手，助教授，准教授，教授　現在に至る
　　　著書　高電圧パルスパワー工学（オーム社，共著），大学一年生のための電気数学（森北出版，共著），放電プラズマ工学（オーム社，共著），できる！電気回路演習（森北出版，共著），電気回路教室（森北出版，共著），はじめてのエネルギー環境教育（エネルギーフォーラム，共著）など

　　高橋　徹　大分工業高等専門学校教授
　　　　　　　博士(工学)（九州工業大学）
　　　　1986 年　九州工業大学大学院修士課程電子工学専攻修了
　　　　1986 年　大分工業高等専門学校（助手，講師，助教授を経て）
　　　　2000 年　大分工業高等専門学校教授　現在に至る
　　　著書　大学一年生のための電気数学（森北出版，共著），できる！電気回路演習（森北出版，共著），電気回路教室（森北出版，共著），
　　　編集　宇宙へつなぐ活動教材集（JAXA 宇宙教育センター）

田中秀和　大同大学教授
博士(工学)（名古屋工業大学），技術士（情報工学部門）
1973 年　名古屋工業大学工学部電子工学科卒業
1973 年　川崎重工業（株）ほかに従事し，
1991 年　豊田工業高等専門学校（助教授，教授）
2004 年　大同大学教授（2016 年からは特任教授）
著書　QuickC トレーニングマニュアル（JICC 出版局），C 言語によるプログラム設計法（総合電子出版社），C ++によるプログラム設計法（総合電子出版社），C 言語演習（啓学出版，共著），技術者倫理—法と倫理のガイドライン（丸善，共著），技術士の倫理（改訂新版）（日本技術士会，共著），実務に役立つ技術倫理（オーム社，共著），技術者倫理　日本の事例と考察（丸善出版，共著）

所　哲郎　岐阜工業高等専門学校教授
博士(工学)（豊橋技術科学大学）
1982 年　豊橋技術科学大学大学院修士課程修了
1982 年　岐阜工業高等専門学校（助手，講師，助教授を経て）
2001 年　岐阜工業高等専門学校教授　現在に至る
著書　学生のための初めて学ぶ基礎材料学（日刊工業新聞社，共著）

所属は 2016 年 11 月時点で記載

推薦の言葉

田中　英彦
東京大学名誉教授

この本は，著者の長年にわたるコンピュータ設計経験に基づいて書かれたもので，コンピュータの仕組みと動作を深く理解することを目的に，基本構造の詳細な説明と，動作の丁寧な解説がある。更に，学習者が自ら手を動かすことで，楽しく自然に学べるソフトウエアツールが添付されている。この組み合わせによって，情報処理の基本が自然と身に付き，更に高度な道へと進む，しっかりとした自分の基礎を形成できるであろう。

今後，情報処理は，あらゆるものの中に組み込まれ，また人々の活動の中心的な役割を果たすことになる。学習者がそういう時代を担う中核人材となる上で，とても優れた，今までにない効果的な教育を実現することのできる著書であり，心から推薦したい。

はじめに

「アーキテクチャ」とは，もともと建築分野で使われていた技術語である。その意味は，「建築技術」とか「建築様式」などであった。コンピュータアーキテクチャという場合は，別にコンピュータ分野での専門的な定義があるが，大まかには「コンピュータの基本構造」を意味すると考えてよい。しかしコンピュータは，静的な建築物と異なり，きわめて動的な情報処理機械である。コンピュータは，力学的に動く訳ではないが，電子的に情報をきわめて高速に処理する機械である。したがって，コンピュータアーキテクチャの意味するところとして，静的な配置/構造だけではなく，「どういう仕組みで動くのか？」という動的なカラクリが重要である。そこで本書では，この動く仕組みに重点を置いて，コンピュータアーキテクチャを解説する。コンピュータの動き方を理解すると，各種のデジタル機器の動き方の理解も容易になる。当然ながら，コンピュータの動き方を解説する前段階として，フリップフロップ（FF）回路，ANDゲート，ORゲート等の論理回路素子の解説を行う。筆者らの教育経験からすると，FF，AND，OR等の動作原理を教え，「では次にレジスタ間のデータ伝達回路をつくろう」と出題してもできない学生が多いので，逆にデータを伝達するにはどういう機能素子が必要か，という順序で解説する。

コンピュータアーキテクチャを歴史的観点から眺めると，いくつかの展開があった。技術発展の常として，後から出現するものほどすぐれていて，前者に置きかわっていくものである。しかし，コンピュータの世界では，素材の面で真空管→トランジスタ→IC→LSI→超LSI（ワンチップマイコン）という過程で後者が前者を置きかえる展開をみせてきたが，アーキテクチャの観点からみると，必ずしもそうではない。すなわち，初期に出現したノイマン型アーキテクチャが現在でも不動の地位を維持している。その後派出した種々のアーキテクチャは，RISCアーキテクチャとパイプラインアーキテクチャは健在であるが，他のアーキテクチャは成功していない。コンピュータのアーキテクチャが次々に新しいものへ置きかわらなかった理由は，ノイマン型アーキテクチャがすぐれていたこと以外に，ソフトウェア資産の継承，および素子の高速化が大きな助けになった。

本書では，源流で，かつ今でも主流のノイマン型アーキテクチャを中心にして解説する。ただし，ノイマンの名前が残ってはいるが，アーキテクチャそのものの実際の開発者は，ペンシルヴァニア大でENIACとEDVACを作ったエッカートとモークリーといわれている。ENIACのプログラムは，半固定式（パンチカードとスイッチボード）であったため，プログラムの設定に多大な時間を要し，彼らはその改良機EDVACでプログラムをメモリに内蔵するノイマン型アーキテクチャを考え出したのである。

本書は，ノイマン型アーキテクチャの具体的なコンピュータの動き方をクロックレベルまで掘り下げて，説明する。それを理解すれば，コンピュータ（広くいえばデジタル機器）の動き方が，理解できる。しかし，その説明をするには，具体的なCPUモデルすなわち，その機械語命令セットと，そのCPUのブロック図と，その状態遷移図が必要になる。ところが状態遷移図は，市販機種ではオープンにされていない。そこで本書では，SEP-Eと名付ける簡単なCPUモデルを定義し，その状態遷移図を提示し，解説する。なお，SEP-Eのレジスタレベルのビジュアルシミュレータを，

http://www.rts.soft.iwate-pu.ac.jp/rts_hp/comp_archi/

に公開し，読者がパソコンで自由にSEP-Eシミュレータをダウンロードし，そのアセンブリ言語プログラムでSEP-Eの操作を練習できる環境を提供する（Java実行環境が必要）。操作環境は可視化されており，クロック単位あるいは命令語単位で，CPU内の各レジスタやバスの上のデータの動きを視認できる。なおSEP-Eは，1970年代に名機といわれた“PDP-11”のアーキテクチャに似せている。またその機械語命令のニモニックは情報処理技術者試験で使われる仮想命令語CASL（仮想コンピュータCOMET IIのアセンブリ言語）に類似させている（同一ではないので注意）。

担当教員の方々へ：

今，日本では，コンピュータそのものを自前で開発するケースは，スーパーコンピュータとか特殊用途組込みマイコンなどごく限られた場合しかない。その環境下で，なぜコンピュータアーキテクチャを学習する必要があるのか。著者らはその必要性を次のように考えている。

コンピュータアーキテクチャを理解することは，

(1) 全てのマイコン応用機器の土台になる

(2) すぐれたソフトウェアを書く土台になる

(3) コンピュータの可能性と限界を理解することになる

コンピュータは，「開発するものではなく，買ってくるもの」になった現在の日本でも，コンピュータの周辺機器，コンピュータ同士をつなぐ通信機器，コンピュータを組込んだ医療機器や工作機器や映像機器，あるいは，コンピュータによって高度に機能性や操作性が高まった自動車，船舶，航空機，農耕機などは日本のものづくり産業の中核製品である。これらの開発技術者が，コンピュータをブラックボックス視しているレベルでは，次の新たな一歩を踏み出せないのではないか，と考える。

「はじめに」に記載したように，本書ではコンピュータアーキテクチャの本流を取り上げ，その道具立て（静的構造）にとどまらず，命令から次の命令へ，ワンクロックから次のワンクロックへ，処理が自動的に進む動的構造を解説する。動的構造の仕様記述の柱になるのはCPUの状態遷移図である。市販のマイコンでは，ここまで情報開示されているものはないので，岩手県立大で教育用に開発したSEP-Eを具体的な教材に使う。なお，SEP-Eは，1970年代のミニコンの名機と言われたPDP-11に類似したアーキテクチャをベースにして多数の実用機の開発経験を加味して開発した教育用モデルである。

SEP-Eは，市場に実在するマイコンと違って，パフォーマンス／コストを追究するものではなく，コンピュータの基本部を分かりやすく説明するためのものである。そのためキャッシュメモリやパイプライン制御等の高速化機能，マルチプログラミング機能，日本語処理機能など，いくつかの上位機能を備えていない。また1語長を16ビットとしているので，1語で指定できる主メモリ最大論理容量が64K語（K：1024）にとどまる。このサイズでも教育用としては一応十分であり，32ビットにすると，教育モデル機としては巨大化かつ煩雑化する。

その一方で，本書では，SEP-EのCPU内部の解説にとどまらず，CPUが周囲のIO（入出力装置）やセンサと情報授受するための16レベル多重割込み機能，ダイレクトIO機能（メモリマップドIO）に力点を置いている。市販実用機でいえば，パソコンとかサーバとかよりも，組込み型マイコンには親近性がある。受講生の相当数が将来の業務として，マイコンによる入出力制御に携わるであろうことを想定して，この領域を解説している。

今後の高等教育の理念は，アクティブラーニングにある。本書はその理念を強く意識して構成した。しかしアクティブラーニングの環境は，教本を工夫するだけでは構築できない。どうしても実験教材（PCとFPGAボード）と，その上で動作実験するための，ビジュアルCPUシミュレータ，機械語アセンブラ，演習問題等が必要であり，これらを教本と対応させて作成した。これらはいずれも電子データの姿で，

http://www.rts.soft.iwate-pu.ac.jp/rts_hp/comp_archi/

に搭載されており，自由に無料ダウンロードできるようにしている。また，高学年における実習として，「VHDL言語によるFPGA上へのSEP-E制作」を行うことを想定し，その解説書，ソースコード，オブジェクトコードも上記URLから無料ダウンロードできるようにしている（詳細は付録Ⅱ参照）。

なお，FPGAボードにVHDLコードをインストールすることは，高度の専門性を必要とするので，必要に応じて，各教育現場へコンサルタントを派遣可能（付録Ⅱ参照）である。

以上のように，本書はアクティブラーニングを指向して作った結果，多数の電子データ群，PC，FPGAボードとワンセットとなって教材を形成することとなった（FPGAを除くサブセットも有りうる）。担当の先生方には，ぜひ電子データを活用した新しい教育へ踏み出してもらいたい。

目次

1章　情報とは

1.1　人類の歴史と情報

地球が誕生して約46億年，人類が誕生して約700万年といわれている。

そして情報化社会という言葉が出てきたのは，たかだかこの30年である。ならば，それ以前の長い期間，情報が利用されることはなかったのか？あるいは情報なるものはなかったのか？

2004年４月～10月放送のNHKスペシャル「地球大進化46億年・人類への旅」という番組があった。

その最終回で人類の進化の歴史が語られていた。それによると我々現生人類は，500万年ほど前に東アフリカにいた類人猿が大地溝帯誕生による気候の激変に対応して森林から草原へ進出するとともにヒト類としての進化の道を歩き出した，とされている。その後約500万年の間，進化は一本道で進行したのではなく，図１－１のように何回か枝分かれして現代に至っている，とのことである（考古学の最新説では500万年でなく700万年前，東アフリカでなく西アフリカもありうる，となっている）。

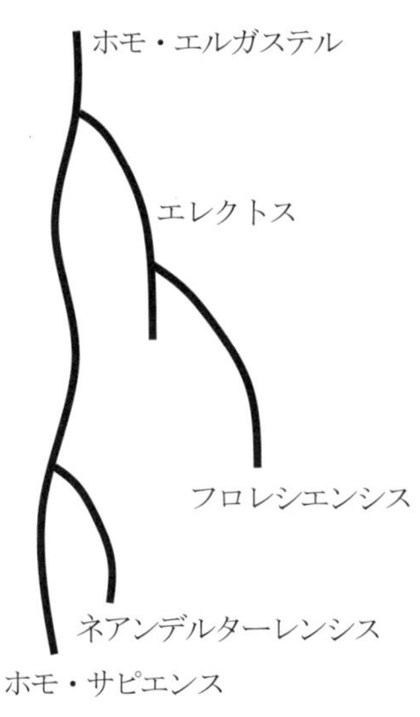

図１－１　人類進化の道

いうまでもなく現在の人類は生物学的に１つの種族である。しかし枝分かれしていた時代には，別の種族の人類が同じ地球上に共存していたのである。もっとも近い分枝は，約30万年前に始まり，約10万年前にその片方が終焉している。これがネアンデルタール人である。同時に生存していたホモ・サピエンスが生き残り，我々につながっている。10万年前といえば生物の進化の時間ではそれほど古い昔ではない。また，その時代に地球上にいた２種類の人類は，互いに激しく戦った形跡はないらしい。それがいつのまにかひっそりと片方の人類が姿を消した。約10万年前に氷河期が始まったことも理由になるが，それはどちらの人類にとっても同じ条件である。

なぜホモ・サピエンスは生き残り，なぜネアンデルタール人は絶滅したのか？考古学では長い間謎であった。

考古学の示すところでは，ネアンデルタール人とホモ・サピエンスとの脳の容積はほとんど変わりない。骨格はホモ・サピエンスの方が身長が高かったが，ネアンデルタール人の方ががっしりしていて力は強かったと思われる。それらのデータでは片方が生き残り，片方が絶滅する説明はつかない。しかし最近になって両者の化石を徹底的に比較した結果，ようやく重要な手がかりとなる相違点が見つかった。相違点は意外なところで見つかった。

ホモ・サピエンスの口蓋上底は球形に湾曲してくぼんでいるが，ネアンデルタール人では平らである。それとホモ・サピエンスの喉仏はネアンデルタール人のものより下についている。この２つの相違点は「声」に違いを生み出す。すなわち，ホモ・サピエンスはいろいろな発音ができたのに対して，ネアンデルタール人は動物の鳴き声の域を出ない。つまりホモ・サピエンスは「言葉」を話すことができたのである。この差が種族の生存にとって決定的な差となった。原始時代にあっても狩猟に，採集に，子育てに，あるいは近隣種族との接触に，きめ細かな情報の伝達の差は大きい。情報格差はまさに種族の存続の問題であることをネアンデルタール人絶滅が教えてくれる。

1.2 情報とは何か

「情報」という単語は現代の我々の日常生活で絶え間なく耳にする。大多数の人は「情報」から思い浮かべる概念は，「ニュース」ではないだろうか。そのときは，ニュースが報道する内容あるいは意味を「情報」と考えている。その一方で，コンピュータ技術の立場から「情報とは何か」と問うならば，「情報とは，2進数“1”と“0”とで表現できる全てのもの」という機械的な答えになる。このときはその意味内容ではなく形・パターンの問題ととらえている。

「情報とは何か」について、簡潔で分かりやすい定義を以下に紹介する[1]。

情報とは「伝達された何らかの意味」である。そのためには3つの要件がある。

・情報の発信者と受信者が居ること --- (1)
・伝えられるべき何らかの意味（内容）を持っていること --- (2)
・受け手に伝わるスタイル（様式・形態）で表現されていること --- (3)

コンピュータは情報処理装置とも言われている。ならば，上記の情報の定義にコンピュータがどう関与しているのであろうか。

(1)の発信者／受信者は、人間（広義にはサル、ミツバチ等の社会もあり得る）なので、コンピュータはその間に介在してその代行／手助けをしている。

(2)の意味内容は、コンピュータは全く関与せず、発信者／受信者任せである。

(3)は、受け手に伝わるスタイルをつくる上で人間の手助けをしている。

つまるところ、コンピュータは人間の情報活動を助けるツールとして存在している。

しかし、最近は、コンピュータの性能が驚異的に発達し、同時にセンサや情報端末が無数に社会に満ちあふれている。その結果、ビッグデータと称される膨大な環境情報が、巨大な学習能力を持ったコンピュータにどんどん入力される状況が起こってきた。この状況が進化すると、コンピュータが人間の予測を超える巨大な情報基地に発達する可能性もないことはない。このコンピュータがもし価値判断機能などを持てば疑似生命体として認知されるかもしれない。長期的に、人間とコンピュータと情報との関係を見守っていく必要がある。

1　金子郁容　1948～、慶大SFC研究所所長、ネットワーキングへの招待（中公新書，1986）

1.3　情報処理とは（その主体，その媒体，そのツール）

情報処理とは，情報の記録，加工，伝達のことである。記録は記憶の共有化でもある。記録は，他の処理動作の基盤となる。記録（記憶）がなければ加工も伝達も実現困難だし，意味も少ない。

情報を扱う主体は生命体（送信者，受信者）と考えているが，原始時代の生命体（人間，サル，ミツバチなど）が情報を記録する媒体は，自らの体内（頭脳や遺伝子）にあった。しかしそのうちに人間は情報を共有するための表現法として，言語を獲得し，記号や絵文字や文字を創出した。その最古の記録媒体は岩壁であったが，約5000年前には古代エジプト人がパピルス（古代の紙）を発明し，約600年前（正確には1447年）グーテンベルグが紙媒体へ大量記録を行う印刷機を発明した。約70年前（正確には1943年）にコンピュータが開発された（図１－２）。コンピュータは記録，加工，伝達，全てを行えるきわめて強力な情報プラットホーム（基盤環境）である。コンピュータは非常に強力であるがために情報処理を行う主体であるかのように誤解され，「コンピュータが天気を予報する」というような表現もよく聞かれるが，現時点では，情報を処理している主体はまだ人間である。コンピュータは人間に与えられた情報を人間に与えられたプログラムにしたがって機械的に高速処理しているのが現状である。

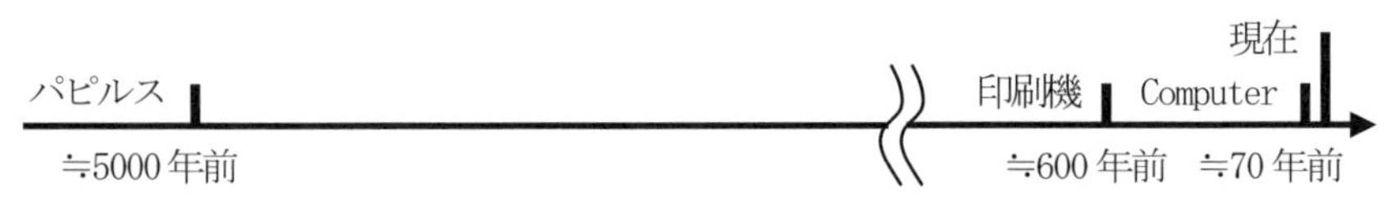

図１－２　情報記録メディア/記録機械の歴史
(大雑把にまとめると，5000年前にパピルス，500年前に印刷機，50年前にコンピュータとなる)

2章　情報のデジタル化

2.1　多様な情報の形

情報の姿，形は多様である。絵画，写真，レントゲン影像，グーグルマップなどは人間が自然の被写体を2次元パターンに写し取ったものである。行き先案内図などは概念化，簡略化した図と文字・記号からなる。映画・テレビ映像などは，基本的には写真と同じ画像情報を1秒間に30枚以上の頻度で繰り返しみせるものである。これらの状況的情報の他に，人間は思想，感情，意思などの概念的情報を言葉，文字によって表す。また，人間は太古の時代に早くも「数量」をアナログ的に表現することの不便さに気づき，記号的（具体的には数字）表現に切り替えている。その後ピタゴラスなどによって記号表現のウラに存在する法則が次々に見出され，数学となって発展してきた。コンピュータはこれらの多様な情報をコンピュータ内部ではどのようにして扱うのであろうか。

2.2　コンピュータ内部での情報

現在のコンピュータは多様な形の情報を全て扱うことが可能であるが，コンピュータの原型となったパスカルマシンは数桁の10進数値を加算する機械として発明された。10個の歯を持つ歯車が数個あり，下の桁の歯車が1回転すると上の桁の歯車の歯を1個進める（1/10回転進む）仕組みで10進数の桁上がりを行う。このような原始的な仕組みだと扱う情報は10進数字に限定される。現代の半導体技術による電子式コンピュータは，多様な形の情報もいったんコンピュータ内部へ入ると全て“1”と“0”の2値となっている。それはなぜか？2値で全ての情報を表すことはできるのか？

2.3 情報の記録媒体

1.3節で述べたように「情報を扱う」ことの基本は「情報を記録する」ことである。情報を記録することは，情報が消えないように何らかの記録媒体へ固定化することである。コンピュータが出現する前までもっとも多く使われた記録媒体は紙であり，紙の表面にペンなどで文字や記号を書くことで情報を記録した。コンピュータにおいては情報を記録する媒体は，主として半導体メモリ素子からなる主記憶装置とハードディスクなどからなる補助記憶装置である(最近の補助記憶にはフラッシュメモリなどの半導体も多い)。さらに情報の加工を行うCPUの中では，別に多数の一時記憶素子が必須となる。この一時記憶素子は主記憶装置よりも高速に動作（記憶）する必要があり，フリップフロップ[2]（以下，FFと略称）と呼ばれるトランジスタ数個からなる電子回路素子である。以下では情報の記憶動作の説明に好適なFF素子を使ってコンピュータ内部の情報記憶の仕組みを説明する。

FF素子は１つの信号機のような動作をする。道路交通標識として実用されている信号機は赤，黄，緑の３個の発光体があり，停電事故でない限りどれか１個が点灯して図２-１のように移行する。

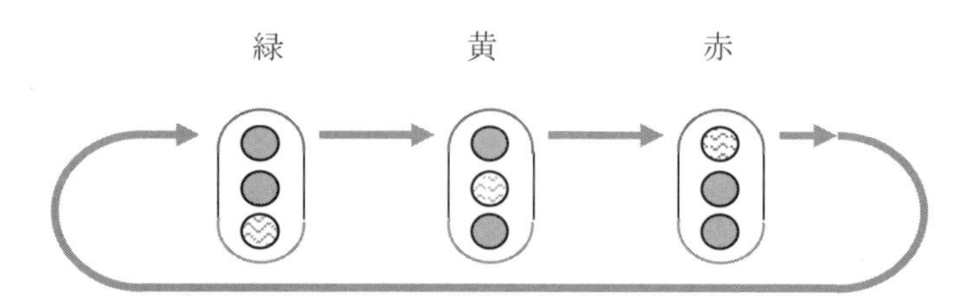

図２-１　信号機の３つの状態

信号機は同時に２個や３個が点灯することはなく，また逆方向への移行もない。これに対してFF素子は図２-２のように“１”と“０”の２つの状態があり，

2　Flip-Flopは，ひっくり返る動作の擬音語で，日本語では「パタンパタン」に相当する

両方向へ移行する。図 2 - 2 はFF素子の状態とその移行を信号機に似せて説明する概念的な図であり，実際のFF素子は発色するものではない。

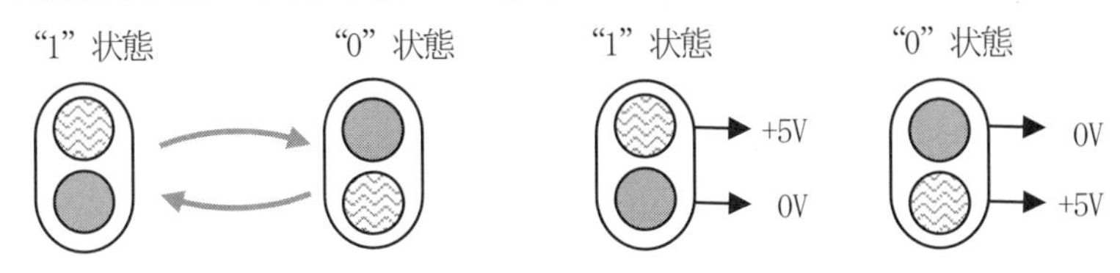

図 2 - 2　FF素子の 2 つの状態　　図 2 - 3　FF素子の出力信号

FF素子が" 1 "と" 0 "のどちらの状態にあるのか，図 2 - 3 に示すように 2 つの出力信号のどちらから＋5V 電圧が出ているか，によって分かる（素子の高速化と低電力化により，＋5V→＋3V→＋2.1V……に低電圧化してきている）。

主記憶装置や補助記憶装置の各素子も原理的にはFF素子と同じ 2 つの状態があり，電子的操作によってどちらか片方の状態に固定化される。いったん状態が固定されると次に逆の電子的操作がなされるまでは時間が経過しても劣化することなく安定して状態を維持する。この性質が記録・記憶である。

3 つの状態を持つ信号機よりも，2 つの状態を持つFF素子の方がシンプルな回路で構成されるであろう，ということは十分推察できる。状態が 1 つしかない媒体は常に真っ白，または真っ黒にしかならない紙のようなもので，情報を記録することができない。状態が最低 2 つあってはじめて記録媒体たりうる。その意味で電子回路による記録媒体として，FF素子はもっともシンプルで基本的な記録素子である（注意：FF素子は電子回路素子なので，電源が断になると，記憶は消えてしまう）。

2.4　2 進数の記録

FF素子は" 1 "と" 0 "の 2 つの状態があるので，そのまま 2 進数を記録するのに使用できる。1 個のFF素子によって 1 ビットの 2 進数を記録できる。図 2 - 4 に示すように，8 ビットの 2 進数を記録するには 8 個のFF素子があればよい。FF素子自体には桁の重み（$2^7, 2^6, 2^5, , , , 2^1, 2^0$）の区別は何もない。

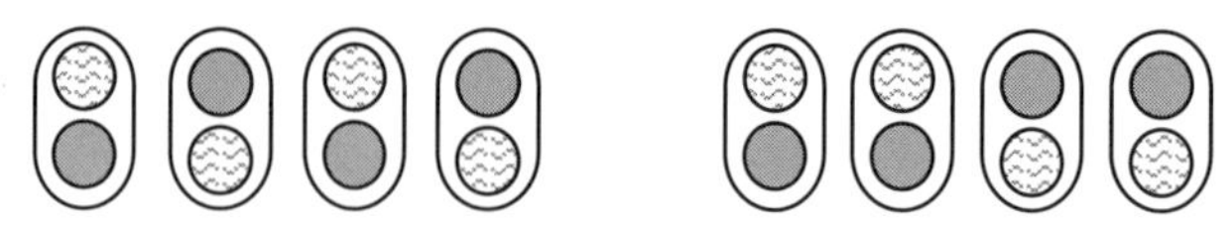

図2-4　8ビット2進数"1010 1100"を8個のFF素子で記録した状態

次に10進数の記録を考えてみる。今仮に2進数の概念がまったくない状況でCPU内部で10進数をそのまま記録することを考える。その場合10進1桁の数字すなわち0,1,2,3,4,5,6,7,8,9に対して素直に考えるとFF素子を10個用意せねばならない（2進数の概念を援用すれば4個で足りる）。具体的には，0～9の中の1つの数字，例えば5を記録するには，10個のFF素子を並べておいて，その中の5に該当するFFのみを"1"状態とし，他の9個のFFを"0"状態にする方法がある。ソロバン珠の方法を使えば10個でなく9個でも記録できる。その場合は7を記録するには7個のFFを"1"状態にする。"1"状態のFFが1個もなければ0と見なす。そうすると9個のFFがあれば0～9を記録できる。この方法で例えば 835_d という3桁の10進数をソロバン珠式に記録するFF素子は図2-5のようになる（実際のソロバンには1の珠と5の珠があるが，ここでは1の珠だけとして考えている）。

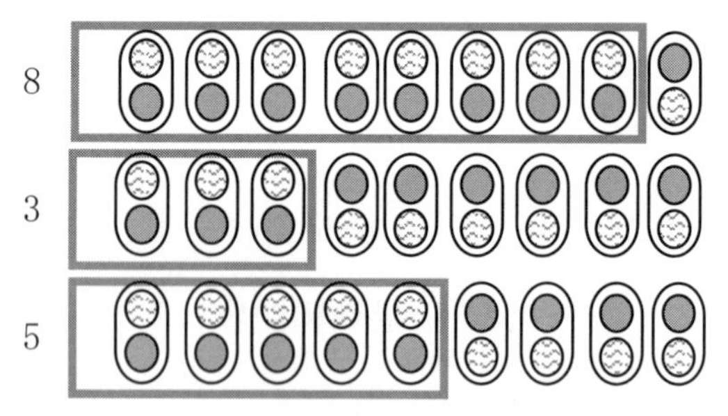

図2-5　10進数835をソロバン珠式に記録するFF

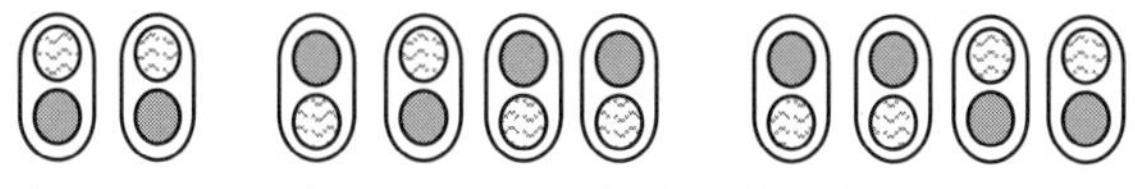

図2-6　835_d（$=11\ 0100\ 0011_b$）を2進形式で記録するFF

この場合のFF合計数は27個になる。一方2進数で考えればどうなるか。同じ835という数量であっても $835_d = 11\ 0100\ 0011_b$ なので，図2-6のように10個のFFで記録できる。

このように10進数と2進数とでは記録媒体の消費量が27:10となり，3倍近い差がつく。なお，電卓など一部の機器では内部でも10進数を扱っている。その場合は，上記のようなソロバン珠式の10進表現ではなく，10進の1桁を2進4ビット（0000_b～1001_bを0_d～9_dにする）で表す2進化10進法表現形式を使っている。この場合は835_dは，4ビット×3桁=12ビットで足りる。

素子が少なくて済むことは，コスト，計算速度，消費電力，信頼性など全ての面で有利となる。このためコンピュータに限らず，他のデジタル機器でも内部で扱う情報はほとんど全て2進数となった。

しかし人間の頭の中は10進数に慣れきっているので，人間へ表示する部分では2進→10進変換を行って人間に見やすい形で見せることとなる。なお補足すると，「デジタル」という語はラテン語で「指」を意味する。人間の手の指は10本あり，これが10進法が使われてきた源となっている。したがってデジタル化とは語源的には「指化」という意味であり，これが転じて「10進数化」となり，さらに転じて「2進数化」あるいは「数値化」を意味することとなった。

補足：以降の説明の中で10進数と2進数が混じって分かりにくい場面がある。普通は文脈の流れでどちらか分かるが，分かりにくい場合は，10進数か2進数かであることを明示するため，835_dとか，$11\ 0100\ 0011_b$とか，末尾にd（decimal：10進）またはb（binary：2進）を付加して区別する。

2.5　文字情報の記録

文字には大別すると，表音文字（アルファベット，カタカナ，ひらがななど）と表意文字（漢字など）がある。1つの文字が1つの音を表す，あるいは1つの意味を表す，というのは人間が文字に与えた機能であり，現在のコンピュータは文字が担っている音や意味は理解しない。コンピュータ内部では文字は単なる記号情報，例えば「＊」記号の延長線上の1つである。

文字を情報として記録する場合，ある1つの文字“A”を画像パターン（フォントパターン）として記録するか，“A”にある1つの識別番号（コード）を割り振って記録するか，2つの方法が考えられる（図2-7）。漢字は1万種類を越える文字がある。アルファベット（大文字小文字），ひらがな，カタカナは付属的な記号を加えても数十種類である。いずれも7×9＝63ビット画像パターンとして記録するよりは2進数16ビットまたは8ビットの識別番号（コード）を割り振って記録する方が圧倒的に能率的である。その状況を図2-7に示

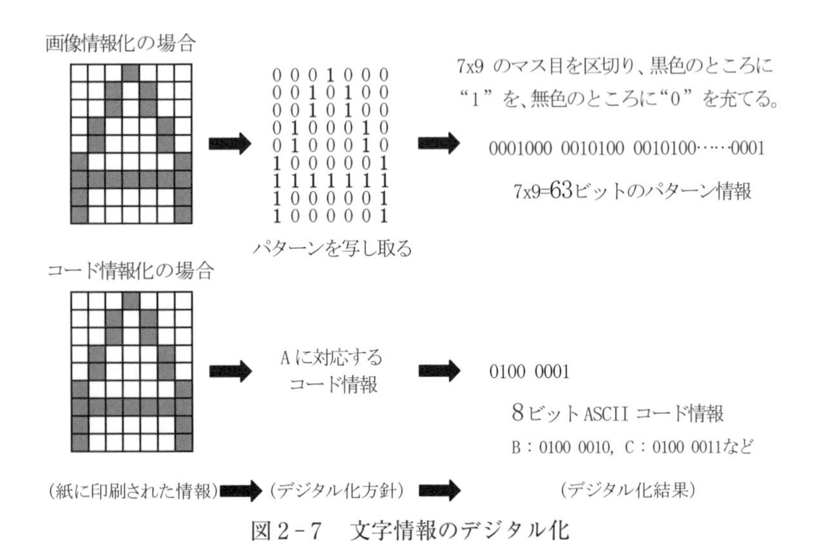

図2-7　文字情報のデジタル化

す。

図2－7から明らかなように文字情報はコンピュータ内部ではコード化して記録する方が約1/8の量で済む。結論として文字情報は8ビットコード（漢字は16ビット）として，すなわち8個の“1”または“0”の2値で記録される。ただしプリンタや表示装置ではコードを字形フォントへ逆変換して出力しないと人間には読み取れない（実際の字形フォントデータは図2－7よりもきめ細かいし，拡大しても斜め線がギザギザにならないような工夫がされている）。

【問1】　コンピュータ内部に記憶された文字コード例えば文字“A”のコードは，0100 0001 となる。これをもし2進数と見なすと 65_d と見なされる。コンピュータは 0100 0001 を文字“A”と見るのか，数量65_d と見るのか，見分けることは可能か？

2.6　その他の情報の記録

コンピュータは数字，文字以外の情報も扱うことができる。例えば写真や図面や音声（音響，音楽）などの情報も扱う。これらの情報は，2次元空間での画像パターンや，空気圧の時間経過による振動パターンである。画像パターン情報は文字フォントと同様にメッシュを切ってその小さい1区画（セルまたは画素という）の白黒濃淡や色彩濃淡を24ビットのデジタル値へ置きかえる。この区画（セル）全体を集めれば“1”と“0”の集合体（バイナリパターン）となり，それらは結局コンピュータの記憶装置へ記録することが可能となる。

図2－8は縦横40×40の分割状態を示しているが，実際には1000×1000程度の分割をしないときめ細かいデジタル化ができない。1000×1000=1,000,000（百万画素）となる。1画素について，濃淡度合いに応じて8ビット（=256濃度）および赤緑青3原色に各々対応するので8ビット×3 = 24ビットの情報となり，全体では2400万ビット（24Mbits = 3MB）の情報量となる。画像をビット集合体=ビットマップとして記録するとこのように膨大な情報量になる

ので，同じ色調の画素部分は「左に同じ」というような簡素化記録により情報量を圧縮する方法が多数考案されている。

幾何学的な直線や曲線から構成されている図面情報を記録する場合は，上記のようなビット集合体では情報量が膨大になるので，ベクトルデータとして記録することが一般的である。ベクトルデータとは，各直線線分ごとに，{始点のxy座標位置，終点のxy座標位置}をペアにしたデータである。曲線は，多くの直線の集合として分割される。この手法とは別に曲線をある種の関数で近似させて記録する方法もある。図2－9は10進数で示しているが，実際は2進数となる。

音声・音響データは，図2－10のような空気圧の振動波形であり，マイクロフォンで電気信号に変えられる。この信号波形を短い時間間隔でサンプリングしてその値を10進数値で図示している。この10進数値はコンピュータ内部へインプットされるときに2進数値へ置きかえられる。結局音響データもまたコンピュータ内部では“1”と“0”の羅列の形で記録される。

図2－8　画像データのメッシュ分割

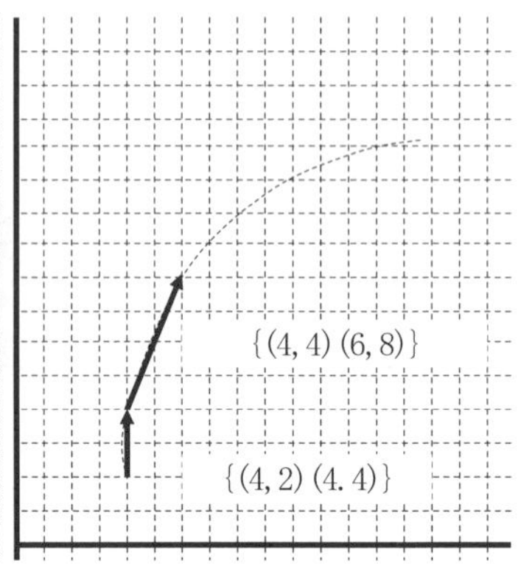

図2－9　曲線を直線で近似表現

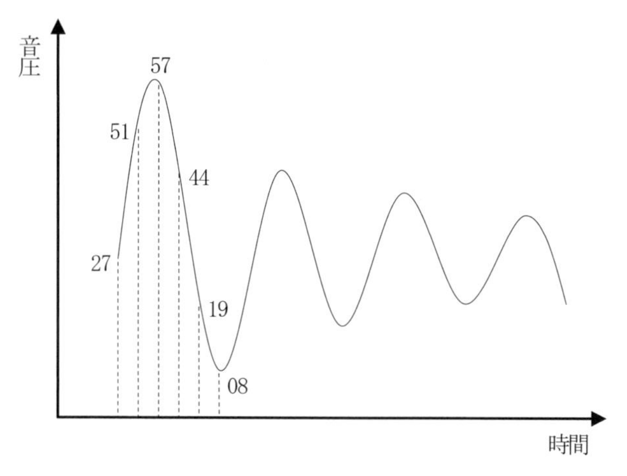

図2-10 音響データ

これらのように，コンピュータが扱う情報はコンピュータ内部では数値情報の場合はむろん，その他の全ての情報が“1”と“0”の2値で記録される。

3章　2進（2値）表現における課題

3.1　負数の表現

コンピュータ内部では全ての情報が“1”と“0”の2値で記録される。第2章で述べたように，それが可能であるし，効率的である。また記録媒体となるハードウェア素子にとっては，2つの安定状態を持つものはあるが，3つ以上の安定状態を持つものは安価な電子媒体では存在しない。この結果としてコンピュータ内部ではあらゆる情報は“1”か“0”かの姿をしている。

コンピュータは，数値を2進数で記録するのみならず，2つの数値を2進数のままで演算処理する。結果として負数も出現する。その場合に負数をどう記録するか？人間が10進法で演算する場合は，負数の左端に“－”記号をつけて負数であることを示す。コンピュータ内部での演算は2進数のまま2進演算が行われるが，“－”記号についてはコンピュータ内部ではどう扱うのだろうか？

“－”記号が文章の中で出現し，単なる1つの文字として扱われる場合は，ASCII文字コード“0010 1101”として記録されている。これは文字の1つの種類として記録されているだけである。“－”が文字でなく，負数の意味を持ってコンピュータ内部に入ったとき，いったいどうなるのか？

仮に“0010 1101”を数字の左端に付加すればどういうことになるか？具体例として$3_d=0011_b$に負記号コード“0010 1101”を繋ぎ合わせれば-3_dをうまく意味するであろうか？合成された2進数0010 1101 0011は，そのまま2進数で読めば723_dとなって-3_dとはならない。文字コードと数値という本質的に異質なものを繋ぎ合わせてもうまくいかない。要は“1”と“0”だけで記録されている2進数値の，数値自体の中にうまく負数を吸収することである。それにはどうするか？

1つ考えられるのは，2進数値の左端1ビットを常に正または負の符号と見なす方法である。この方法は，左端1ビットを数値から切り離し，別の機能ビットと見なす方法であるが，異質のものを繋ぎ合わせることには変わりないし，1ビット余計に必要になる。そのため常に左端ビットを別扱いすることとなり，余分なハードウェア，ソフトウェアを必要とする。現代のコンピュータではこれらの不利を克服する巧妙な方法すなわち2's Complement（2の補数）法を使っている。2の補数の詳細については説明の順序のため第8章で述べる。

3.2　小数の2進数表現

正数だが1より小さい10進数（例0.3）を2進数で表現するとどうなるか？10進数では，小数点以下すなわち小数点より右に向かって進む桁の重みは，

$0.1 \quad 0.01 \quad 0.001 \quad 0.0001 \quad \cdots \quad (10^{-1} \quad 10^{-2} \quad 10^{-3} \quad 10^{-4} \cdots)$

となって，1/10 ずつ小さくなる。これと同様に2進数では，小数点から右に向かって桁の重みは

$0.5_d \quad 0.25_d \quad 0.125_d \quad 0.0625_d \quad \cdots \quad (2^{-1} \quad 2^{-2} \quad 2^{-3} \quad 2^{-4} \quad \cdots)$

となって，1/2 ずつ小さくなる。したがって10進数の小数を2進数表現すると，次のようになる。

例1　$0.5_d \rightarrow 0.1_b$

例2　$0.25_d \rightarrow 0.01_b$

例3　$0.75_d \rightarrow 0.11_b$

例4　$0.875_d \rightarrow 0.111_b$

例5　$0.3_d \rightarrow 0.0100110011001100110011001100110011001 \cdots\cdots\cdots_b$
$= 0.0\dot{1}00\dot{1}_b$

例1，2，3，4は容易に分かるが例5は注意を要する。10進数の小数はむしろこの例5のように2進数表現にすると，無限にかつ循環的に2進数が並ぶのが一般的である（したがって不用意に10進小数をコンピュータに入力すると

内部で循環数に展開されるので注意を払う必要がある）。0.3_dは10進数ではキリのよい数字だが，２進数では表現のベースが違うのでキリが悪くなるのである。

例５の２進数の算出方法は以下のようになる（この例では→印がついている方のケースをたどる）。

この例題では小数の基本的な原理にしたがって10進小数0.3の中に２進小数の各桁すなわち 0.5,0.25,0.125,0.0625………が含まれるのか含まれないのか，換言すれば引けるのか引けないのかによって対応する桁に“1”を立てたり“0”を立てたりする。今回の0.3の事例では，→ のある側を選択しつつ進行する。

（1）0.3から0.5を引くことを試みる。それを両者２倍して0.6から1.0を引くことに切り替える（（2）以降の各ステップの計算の便宜のため）。
　引けたら小数第１位に“1”を立てる。　　残数を持って（2）へ進む。
→引けなかったら小数第１位に“0”を立てる。　〃　　〃
（2）残数を２倍する。1.2になる。1.2から1.0を引くことを試みる
　（元の値から４倍された。元の値では0.3引く0.25）
→引けたら小数第２位に“1”を立てる。　　残数を持って（3）へ進む。
　引けなかったら小数第２位に“0”を立てる。　〃　　〃
（3）残数を２倍する。0.4になる。0.4から1.0を引くことを試みる
　（元の値から８倍された。元の値では0.05引く0.125）
　引けたら小数第３位に“1”を立てる。　　残数を持って（4）へ進む。
→引けなかったら小数第３位に“0”を立てる。　〃　　〃
（4）残数を２倍する。0.8になる。0.8から1.0を引くことを試みる
　（0.05-0.0625に相当する）
　引けたら小数第４位に“1”を立てる。　　残数を持って（5）へ進む。
→引けなかったら小数第４位に“0”を立てる。　〃　　〃
（5）残数を２倍する。1.6になる。1.6から1.0を引くことを試みる。
　（0.05-0.03125に相当する）

→引けたら小数第5位に"1"を立てる。　　残数を持って（6）へ進む。

引けなかったら小数第5位に"0"を立てる。　　〃　　〃

（6）残数を2倍する。1.2になる。この動作は（2）と同じである。

よって（6）～（9）は（2）～（5）の繰り返しになる。(10) 以降も同じ繰り返しとなる。この繰り返し（＝循環）は無限に続く。循環の検出で計算は終わる。

コンピュータで不用意に10進数小数を扱うと，2進数に変換したときにこのような無限循環数があらわれる。実際にはコンピュータ内部では有限の桁に四捨五入して扱うしかない。それを意識してプログラムする必要がある。例えば10進数0.3を何かのループ回数の終了のための等号判定に使うと，コンピュータ内部では無限に循環する2進数になっているため，等号が成立せず，判定がいつまでたっても成立しないことが起こりうる。

3.3　2系統の文字コード

現在コンピュータの世界では，同じ英数字に対しても大きくは2系統のコードが割り当てられている。日本では同じ漢字にたいしても2系統のコードが割り当てられている。それらはそれぞれ表3-1の2系統の文字コードである。

表3-1　2系統の文字コード

英数字	ASCII系コード（パソコン，WS）	EBCDICコード（IBM系汎用コンピュータ）
漢字	JIS/シフトJIS系漢字コード (JIS X 0208)	Unicode漢字コード（JIS X 0221）

ASCII : American Standard Code for Information Interchange
電信機から発展したコード
EBCDIC : Extended Binary Coded Decimal Interchange Code
IBMパンチカード機／事務用コンピュータから発展したコード
WS :Work Station
技術計算など特定分野向きの高機能大型PC

現在，世界のコンピュータの圧倒的多数はASCIIコードを使っている。他方で台数では少ないものの，銀行やエアライン会社などで社会生活の根幹を担っている汎用コンピュータは今でもEBCDICコードを使用している。コードは統一されているのが望ましいが，いまさら一方のコードを他方へ強制的に変更させることは，現実には不可能である。なぜならコードを変更することはソフトウェアの全てを再コンパイルし，再検査することを意味するので，膨大な人手と時間を必要とし，その規模たるや2000年問題（西暦年次記憶を４桁でなく下２桁で済ませていたことに起因する問題）の比ではない。

3.3.1　ASCIIコード

ASCIIコードは米国で電信用に制定され，その後パソコンやUNIX-WSで使用されたため，現在では世界の大多数のコンピュータの標準コードとなっている。最初は各文字に２進７ビットをあてていたが，現在では２進８ビット（＝１バイト）が標準である。ASCIIコードの具体的な文字と２進コードとの対応の例は次のようになっている。

@　　0100 0000
A　　0100 0001
B　　0100 0010
C　　0100 0011
………

この対応づけを２進数上位４ビットと下位４ビットでX軸（行），Y軸（列）に分割し表３-２のように表す。

表３-２　ASCIIコード表の一部

上位4ビット ＼ 下位4ビット	0000	0001	0010	0011	0100	0101	0110	0111	1000	1001	1010	1011	1100	1101	1110	1111
0000																
0001																
0010																
0011																
0100	@	A	B	C	D	E	F	…								
0101																

この表は＠,A,B,Cしか記入してないが，当然その他の文字（アルファベット大文字，小文字），数字，特殊記号（!,”,#,$,＜,＞，など），および電信に使われた機能コード（開始，終了，改行など）が対応する位置に入る。2進4ビットの0000～1111を，0,1,2,3,4,5,6,7,8,9,A,B,C,D,E,Fに対応させて読み替えることを16進表示またはヘキサデシマル表示という。10進や2進と混同しやすい場面では小さな添え字hをつける。16進表示を使うと表3-2は表3-3のようになる。

表3-3　ASCIIコード表の一部

上位桁16進＼下位桁16進	0	1	2	3	4	5	6	7	8	9	A	B	C	D	E	F
0																
1																
2																
3																
4	@	A	B	C												

この場合のコードを16進表示して次のように表すこともある
@：40h, A：41h, B：42h, C：43h

実際のASCIIコード表を表3-4に示す。英数字の部分はJISコードもASCIIコードに揃えている。

3.3.2　シフトJISコード

英文とカタカナ文は表3-4の文字コードで対応できるが，普通の日本文（漢字混じりのひらがな文）は字種が多すぎて表3-4には収まらない。表3-4はタテ16×ヨコ16＝256種類の文字にしか当てはまらない。

それに対して漢字はJIS第1水準で2965種類，第2水準で3390種類，合計で

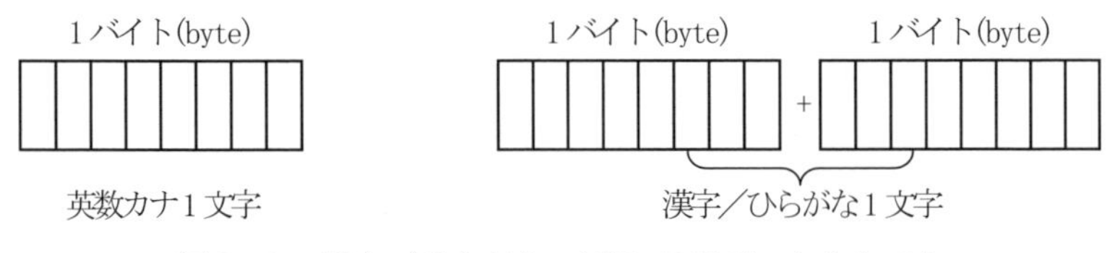

図3-1　漢字／ひらがなの1字には16ビットをあてる

表3－4　ASCIIコード表

上位4ビット ＼ 下位4ビット	0 0000	1 0001	2 0010	3 0011	4 0100	5 0101	6 0110	7 0111	8 1000	9 1001	A 1010	B 1011	C 1100	D 1101	E 1110	F 1111
0 0000		SOH	STX	ETX	EOT	ENQ	ACK	BEL	BS	HT	LF	VT	FF	CR	SO	SI
1 0001	DLE	DC1	DC2	DC3	DC4	NAK	SYN	ETB	CAN	EM	SUB	ESC	→	←	↑	↓
2 0010	スペース	!	“	#	$	%	&	‘	(	)	*	+	,	-	.	/
3 0011	0	1	2	3	4	5	6	7	8	9	:	;	<	=	>	?
4 0100	@	A	B	C	D	E	F	G	H	I	J	K	L	M	N	O
5 0101	P	Q	R	S	T	U	V	W	X	Y	Z	[	¥	]	^	_
6 0000	`	a	b	c	d	e	f	g	h	i	j	k	l	m	n	o
7 0001	p	q	r	s	t	u	v	w	x	y	z	{	|	}	~	DEL
8 0010	シフトJIS　漢字第一バイト領域															
9 0011																
A 0100	スペース	。	「	」	、	・	ヲ	ァ	ィ	ゥ	ェ	ォ	ャ	ュ	ョ	ッ
B 0101	ー	ア	イ	ウ	エ	オ	カ	キ	ク	ケ	コ	サ	シ	ス	セ	ソ
C 0000	タ	チ	ツ	テ	ト	ナ	ニ	ヌ	ネ	ノ	ハ	ヒ	フ	ヘ	ホ	マ
D 0001	ミ	ム	メ	モ	ヤ	ユ	ヨ	ラ	リ	ル	レ	ロ	ワ	ン	゛	
E 0010	シフトJIS　漢字第一バイト領域															
F 0011																

（斜線）ASCII, JIS, 共通コード領域＝ASCC 7ビットコード領域

（横線）ASCII; 8ビットコード罫線領域,　JIS X 0201; 半角カナ領域

6355種類の漢字がある。6355種類のコードを作るには最低でも14ビットの２進数を必要とする。14ビットは中途半端な区切りなので，JISおよびシフトJISコードでは，ASCIIコードを拡張して，漢字とひらがなには16ビット（１バイト＋１バイト）をもって当てはめる（最大で65536種類の文字に対応可能）。

字種の多い漢字に対しても２バイトでコード化すれば十分に当てはめられるが，問題が１つ残る。それは一般の日本文では，英数カナ字と漢字ひらがな字とが入り交じって使われるから，両者の区別をどうするか，が問題となる。つまり，コンピュータ内部では文章も単なる２進数の羅列であり，これを左端から始めて８ビットごとに区切って１字と思えばよいのか，または８ビット＋８ビット＝16ビットごとに区切って１字と思えばよいのか，どちらなのか判別する手段がないと混乱する。JISコードでは，英数字モードと漢字モードを切り替える特殊なコード[1]を用意している。シフトJISコードでは，漢字の場合の

第一バイトを表3－5の「シフトJIS漢字第一バイト領域」と書いてあるエリアのコードに限定している（その代わり65536種類には達せず16384種類にとどまる）。このエリアはASCIIコードでは英数字としては使用していない（欠番となっている）ため両者が入り交じっても見分けることが可能となる。つまり，シフトJISコードの場合は，基本的には1バイト1文字と考えて英数文字変換を行うが，もしコードが漢字第一バイト領域のコードであれば，その次のコードと繋ぎ合わせて2バイトにした上で，漢字ひらがな文字変換を行う。

参考までに表3－5にシフトJISの漢字コードの一部分を示す。理解のために具体例を示す。漢字「岩」は，表3－5を見ると，$8AE2_h$という2バイトが対応する。文中で第一バイト8Aを見つけると，それは表3－4の中で「シフトJIS漢字第一バイト領域」に属すことが分かる。そこで続く第二バイトを読み，それがE2と分かれば，両者合計8AE2で表3－5から「岩」と分かる。

1　JISコードにおけるA／漢字切り替えコード：

A→漢：00011011 00100100 01000010　　ESC $ B

漢→A：00011011 00101000 01000010　　ESC (B

表3-5　シフトJIS漢字コード表（部分）

(例)　岩 → 8AE2h

前半1B	後半1B 上位4ビット	後半1Bの下位4ビット（ヘキサデシマル） 0	1	2	3	4	5	6	7	8	9	A	B	C	D	E	F
88	9　1001																亜
	A　1010	唖	娃	阿	哀	愛	挨	姶	逢	葵	茜	穐	悪	握	渥	旭	葦
	B　1011	芦	鯵	梓	圧	斡	扱	宛	姐	虻	飴	絢	綾	鮎	或	粟	袷
	C　1100	安	庵	按	暗	案	闇	鞍	杏	以	伊	位	依	偉	囲	夷	委
	D　1101	威	尉	惟	意	慰	易	椅	為	畏	異	移	維	緯	胃	萎	衣
	E　1110	謂	違	遺	医	井	亥	域	育	郁	磯	一	壱	溢	逸	稲	茨
	F　1111	芋	鰯	允	印	咽	員	因	姻	引	飲	淫	胤	蔭			
89	0　0000																
	1　0001																
	2　0010																
	3　0011																
	4　0100	院	陰	隠	韻	吋	右	宇	烏	羽	迂	雨	卯	鵜	窺	丑	碓
	5　0101	臼	渦	嘘	唄	欝	蔚	鰻	姥	厩	浦	瓜	閏	噂	云	運	雲
	6　0110	荏	餌	叡	営	嬰	影	映	曳	栄	永	泳	洩	瑛	盈	穎	頴
				… … … … … … … … …													
				… … … … … … … … …													
8A	E　1110	癌	眼	岩	翫	贋	雁	頑	顔	願	企	伎	危	喜	器	基	奇
				… … … … … … … … …													
8E	E　1110	錫	若	寂	弱	惹	主	取	守	手	朱	殊	狩	珠	種	腫	趣

4章　プログラムとデータの記憶

市販コンピュータの過半数を占めるノイマン型コンピュータの基本構造は以下のようになっている。

4.1　ノイマン型コンピュータの基本構造

図4－1に示すように，一般にコンピュータでは情報を記憶する主メモリと情報を加工処理するCPUがペアとなって中心部を構成している。主メモリは情報を記憶する単位ごとに番地が割り当てられている。普通の市販コンピュータでは，主メモリの記憶単位は1語（1ワード）で，1語は32ビットのものが多い。

主メモリとCPUの間の信号は，CPUから主メモリへ送るメモリ番地指定情報およびCPUと主メモリ間を行き来する記憶情報そのものが主であり，他に若干の制御信号がある。この基本構造の下でノイマン型の特徴を以下に列記する。

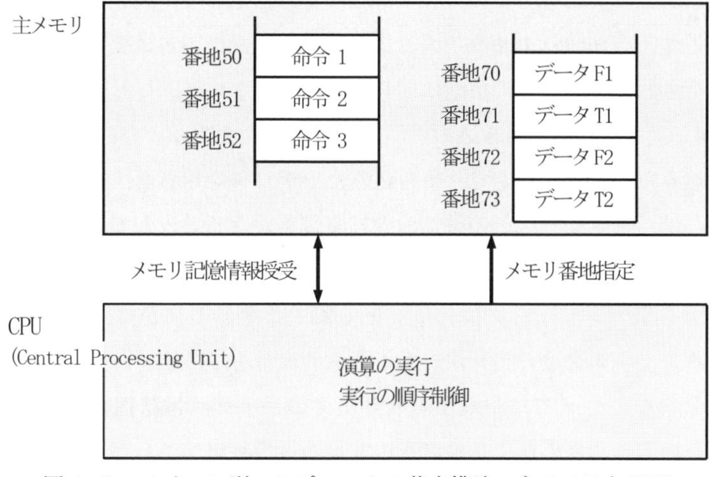

図4－1　ノイマン型コンピュータの基本構造—主メモリとCPU

4.1.1 プログラムの内蔵

主メモリ内にコンピュータの動作手順（すなわちプログラム）が内蔵（記憶）されている。プログラムは命令語（演算手順の指定）とデータ語（演算の対象データ）の群からなる。ここでいう命令語は，2進表現された機械語命令（コンピュータがそのまま実行可能な形の命令）である。

4.1.2 命令語とデータ語は同一形式

命令もデータも1語を基本単位として，2進数の形で表現され，記憶されている。だから図4－1の命令1の具体的な形は例えば「0001 0000 1011 0000」（16ビット／語の場合）のような形であり，これが命令語と解釈される（なぜ命令語と解釈するかはCPUの読み出し順序に依存する）。命令語とデータ語との間には形の上では何の区別もない（上の命令語は数値$10B0_h=4272_d$と同じ形であるが命令語である場合は命令としてそれぞれの意味に解釈する）。命令語もデータ語も主メモリのどこの番地にも格納できる。これに対し，命令語とデータ語の格納メモリを区分するハーバード型コンピュータは，後述のRISCと組み合わさって，もう1つのアーキテクチャとして普及している。

4.1.3 主メモリからの読み出し

命令語もデータ語も全てメモリに対して番地指定して，読み出し要求信号を送れば番地内容が読み出せる。読み出した番地の記憶内容は変化せずにその番地に保持されている。他の番地は何ら影響を受けない。

4.1.4 主メモリへの書き込み

書き込みたい番地を指定し，書き込みたいデータを用意し，書き込み要求信号を送れば，主メモリのその番地の内容を書きかえることができる。

4.1.5 命令の逐次実行

ノイマン型コンピュータは，命令を1個ずつ主メモリからCPUへ取り出し実行する。1個の命令の実行が終わると次の命令を取り出す。

次の命令をどのメモリ番地から取り出すのか？それは格別の指示（分岐指示）のない限り現在の命令番地の次の番地から取り出すこととなっている。その結果CPUはプログラマが書き下した順序通りに次々と命令を実行する（もし順番を間違えて実行すると意味のない結果が出る。並列処理にはその危険がつきまとう）。現在の命令が仮に分岐を指示する命令であれば，次の命令は分岐指示されたメモリ番地から取り出す。プログラマは分岐命令をプログラムしたときは，分岐した先でのプログラム続行を用意しておかねばならない。コンピュータは複雑な動作も膨大な動作もやってのけるが，根本の部分では単純な命令を１個ずつ逐次実行しているにすぎない。

これに対して，全体速度を上げる目的で，１個の命令の実行処理が終わるのを待たずに，次の命令，さらにその次の命令と踵（きびす）を接して読み出す方式をパイプライン方式と呼び，第17章に後述する。

4.1.6　プログラム内蔵の意味

“プログラム内蔵”と“命令語／データ語が同一形式”というノイマン方式の特徴が今日のコンピュータに大きな柔軟性を与えた。

コンピュータのプログラム（ソフトウェア）とハードウェアの関係に類似する装置として，古くはオルゴールや自動模様編み機，新しくはDVD装置などがあげられるが，それらはいずれもソフトウェアに相当するものは，交換可能ではあるが固定データである。また走行中に装置の動き方を変更したり，データを変更したりする動的なプログラム機能はない。広義にはプログラム式といえても，１回の走行単位では，「固定データ」かつ「固定動作式」の装置である。

これに対して，コンピュータのソフトウェアは，主メモリの中に，高速で書きかえられる“電子データ”として内蔵され，かつその記憶形式がプログラム（命令語）もデータ（データ語）も１語としては同一の語形式であるために次のような動作が可能になる。

プログラムは，形の上では，データとも見なせるので，

（1）　プログラムの追加／削除／変更が容易にできる

（2）　あるプログラムが，他のプログラムを，メモリへインストール（導入）したり，削除したり，変更できる

（3）　あるプログラムが，自分のプログラムの一部を変更できる

これらの結果として，OS（Operating System）が応用ソフトを切り替えた

り，ロボットの中のソフトが自律的な判断をしてロボットの動き方を変えるなどの柔軟な機能が可能になっている。

以上のまとめとして，ノイマン型アーキテクチャの特徴は下記の3つに集約して表現される。

▶命令の逐次実行

▶プログラム内蔵（電子データとして）

▶命令／データの同一形式

【問2】　命令語とデータ語が同じ形であることは，不具合なこともある。どんなことが考えられるか？

4.2　命令実行サイクル

ノイマン方式にしたがってCPUと主メモリのやりとりを行う具体的インターフェイスはどうなるか？その状況を図4-2に示す。なお，今後説明に例示するコンピュータは，全て1語16ビットとし，簡略化のため番地やデータを16ビットバイナリではなく4桁ヘキサデシマルで表示する（コンピュータの動作原理を説明するには，16ビットで十分足りる。32ビットではやや冗長になる）。

以下では，説明の簡明性のため，普通の命令語は全て1語，データ語も1語，番地指定（これも1語のデータ語を使用）も1語とする。その場合，主メモリの最大番地は$FFFF_h$番地すなわち65535_d番地となる。

図4-2は番地0050を指定して命令1を読み出した直後の状況を示している。命令1が分岐命令であった場合は，命令2へ進まず別番地へ行く（説明後述）。

4.2.1　命令の実行手順のあらまし

CPUは命令を1個ずつ主メモリから読み出し，その命令の指示にしたがって演算実行する。1個の命令の読み出し開始から実行終了までを1個の命令実行サイクルと呼ぶ。1つの命令サイクルを終了すると次の命令実行サイクルが

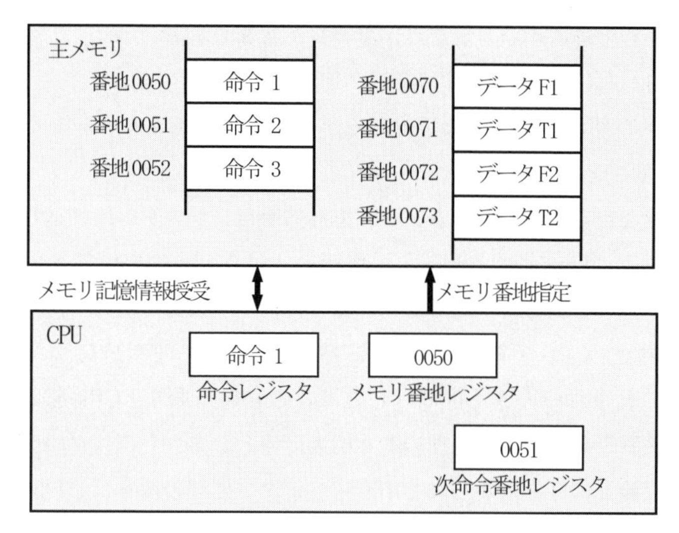

図4－2　ノイマン型コンピュータの基本構造（その2）

始まる（図4－3）。

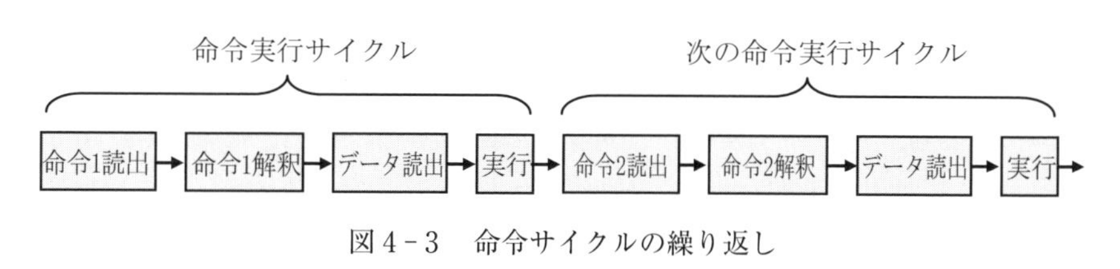

図4－3　命令サイクルの繰り返し

4.2.2　レジスタとは（Register：登録機）

図4－2のCPUには3個のレジスタがある。レジスタとは1語の命令やデータを保持するところである（スーパーやコンビニでのレジと同じ言葉である。スーパーのレジは現金を登録し，出入れ保管するところの意味である）。

CPU内には目的に応じて複数個のレジスタが存在する。例えば，CPUは主メモリに対して読み出したい番地を送り出すために，その16ビット番地数値を発信し保持する信号送信源がいる。それがメモリ番地レジスタである。またCPUは主メモリから受け取った命令語を，その命令の実行サイクルの期間中保持するための場所がいる。それが命令レジスタである。

4.2.3 レジスタの機能

レジスタの具体的な目的は種々あるが，共通の機能はデータや命令を保持(記憶) することである。

また当然ながら，保持すべきデータを外部からレジスタへ取り込む（セットする，ロード（Load）する）こと，保持しているデータを外部へ信号として示すことも必要である。コンピュータの5大機能（入力，出力，記憶，演算，制御）の中で，CPUはそのうちの「演算」と「制御」を受け持つとしている説明が多い。これは大きく区分けした場合の分類であり，CPUをミクロに調べると，演算や制御を行う以前の基本的大前提として，レジスタの存在すなわち「記憶機能」の存在が不可欠である（デジタル処理の基本は記録／記憶であり，世の中のあらゆるデジタル機械は記憶機能を核として成り立っている)。記憶機能は，メモリ装置のみが持つのではなく，CPUもI/Oも持っている。

人間にとって，データとは，「紙に書きとめられ，バインダに綴じられている」とか「メモリから画面に読み出してくるもの」とイメージされる。これは，永続性のある記憶媒体の上に記録されたデータをイメージしていることとなる。

CPUにとってのデータはそれと異なる側面がある。データは1と0，すなわち+5vと0vの電気信号であり，超高速に伝達されるが，積極的に何かで保持してやらない限り瞬時に消えてなくなる。CPUの中では紙に代わる記憶媒体として，+5vと0vの電気信号を保持するものが必要である。それがレジスタである。しかしレジスタは，電子回路，“FF”で構成されているので，電源が切れると，記憶しているデータは消えてなくなる。その意味で，レジスタは一時記憶媒体である（永続性がない)。

4.2.4 レジスタの構成

レジスタには1語のデータや命令が記憶される。ここでは1語16ビットとする。1個の回路素子FFを使えば，1ビットの記憶および表示ができる。したがって，1語16ビットのレジスタは図4-4のように16個のFFで構成される。

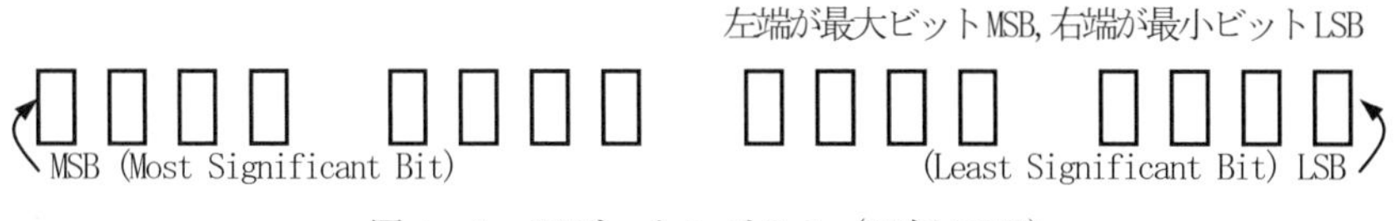

図4－4　16ビットレジスタ（16個のFF）

4.2.5　FFの原理とクロックパルス

16ビットレジスタは16個のFFで構成される。FFは道路の信号機に似た動作をする（信号機は3灯があるが，FFは2灯しかなくどちらかが点灯のイメージ。実際には発光しない）（図4－5）。

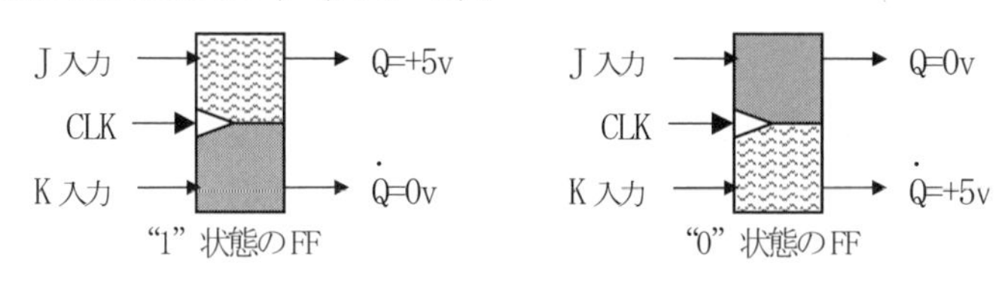

図4－5　1個のFFがとる2つの状態（JK-FFの例）

このFFがCPUのレジスタの素子として満足に働くためには，FFとしては次の動作を行わねばならない。

（1）　FFは必要があれば，外部からの入力信号を受け取って“1”状態になったり“0”状態になったりする（入力信号への反応）

（2）　FFは外部からの入力信号がない場合，自己の状態（1 or 0）を維持保存できる（記憶）

（3）　FFは外部に対して自己の状態を伝えることができる（出力）

現実の電子回路では，（1）と（2）を同時に成立させることは簡単ではない。（1）の入力信号への反応に忠実になると過敏になりやすく，（2）の記憶機能に忠実になると鈍感な回路になりやすい。そこでこれを解決するために考案されたのがクロックパルスである（図4－6A）。

クロックパルス（CLK）は正確な時間周期で発生する +5vの繰り返しパルスである。CPUの全てのレジスタの全てのFFに，入出力信号とは独立して，

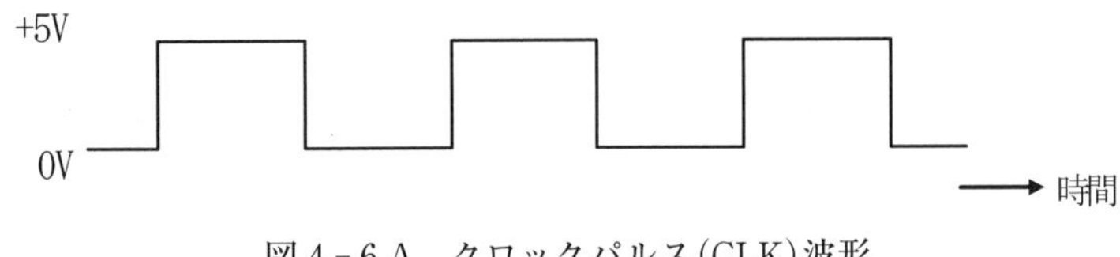

図4-6A　クロックパルス(CLK)波形

同時一斉に加えられる。一般にFFは，クロックが+5vに立ち上がったときに作動する。全てのFFにクロックパルスが同時に加わることは，全てのFFの動作の足並みがぴったり揃うことになる。全てのFFを考えれば，それぞれの入出力信号は必ずしもぴったり揃っている訳ではなく，バラバラである。しかし，クロックパルスは入出力信号とは独立に同時に発生するから，FFの動作は，クロックパルスで足並みを揃えることとなる。全てのFFに同じクロックパルスが加わるとすると，１つ心配なことがある。それは図４-６Bのような縦列接続の場合である。

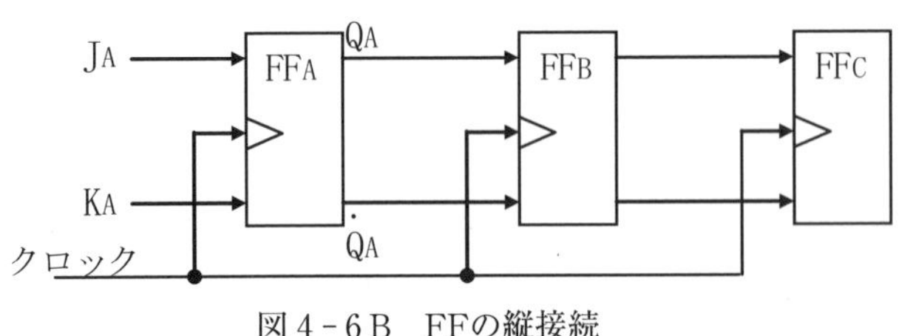

図４-６B　FFの縦接続

FF_Aにはクロックパルスが入る前に入力信号（例えばJ_A=１,K_A=０）が入っていて，そこへクロックパルスが立ち上がる。するとFF_Aが入力に対応してQ=１，$\dot{Q}$=０になる。すると，その信号がFF_Bの入力に接続しているから，FF_Bもまた追随して同じくQ=１,$\dot{Q}$=０になる。FF_Cも同様に追随する。このように１つのクロックパルスの期間に複数の縦につながったFFが玉突き反応的に連鎖動作（レーシング）を起こす危惧がある。縦接続であっても，本来は，１つのクロックパルスで最初のFF_Aのみが動作する。２回目のクロックではFF_Bが反応する。

一般的に，FFはこのようなレーシング動作を防止する仕組みを持っている。

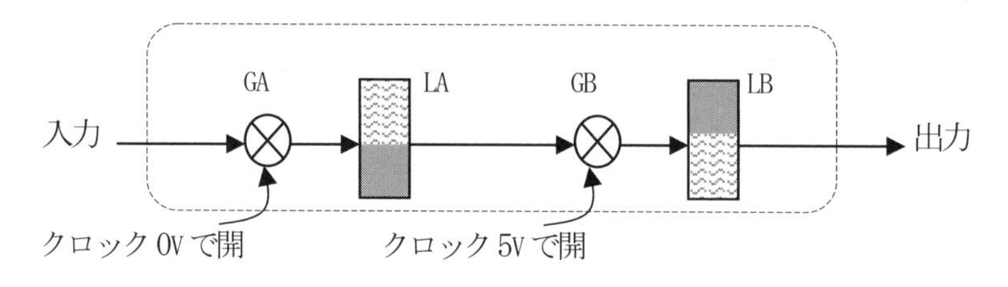

図４－６C　FF内部のクロック反応の模式図

１個のFFの内部は，模式的に図４－６Cのように，入力側の記憶素子LAと，出力側の記憶素子LBの２段構造になっている。それぞれの素子の前にゲートGA,GBがあり，GAはCLKが0Vのときに開き，GBはCLKが5Vのときに開く仕組みになっている。

FFに到着した入力信号は，CLKが0Vの間にLAに記憶されるが，その時間帯ではGBが閉じているので，LBには1CLK前の記憶が残っている。次にCLKが5Vに立ち上がると，GAが閉じて入力信号は遮断され，それと同時にGBが開いてLAの記憶情報（1 or 0）がLBに移る。それはそのまま出力信号となって外部へ出る。出力信号を観察していると，CLKが5Vに立ち上がったときに出力が反応するように見える。この場合，前縁（または立ち上がりエッジ）反応型のFFと呼ぶ。この出力信号は，次にCLKが0Vになった期間も持続し，次に5Vに立ち上がったときに，次の反応が起こる。

このようにFFは，入力信号に反応するメカニズムと，それを出力側へ伝えるメカニズムの動作期間を前段／後段に切り分ける。入力信号にノイズが重畳しても，それをじかに出力へ伝えることを避け，複数のFFが縦続接続していても，玉突き的に同時反応（レーシング）することを避けることができる。またFFの出力を，同じFFの入力に戻し接続しても発振することはない。この結果，FFは安定して動作するようになり，コンピュータの基本素子となった。

FF素子を入力線の本数で区分すると，２本入力のJK-FFと，１本入力のD-FF（Delayed Flipflop）の２種類がある。JK-FFは独立のフラグなどを構成するのに適し，D-FFはレジスタを構成するのに適する。まず動作的に分か

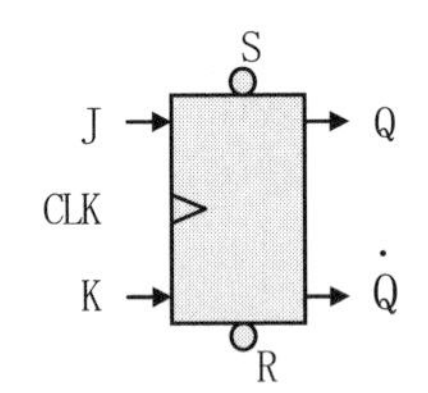

図4－7A JK-FFの記号

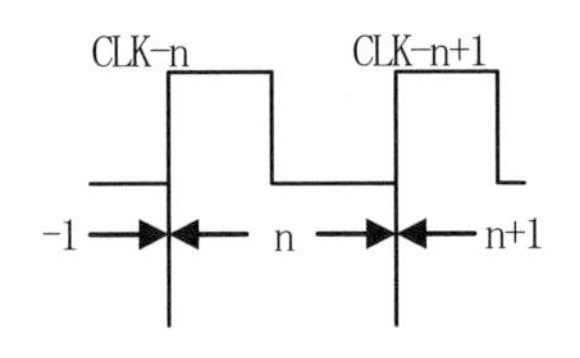

図4－7B クロック番号

りやすいJK-FFから説明する。JK-FFは図4-7Aのように描く約束になっている。

これらのJ,K,入力信号とQ,$\dot{Q}$,出力信号の応答状況を表4－1に示す。J=1，K=1，は実用上避けるべき入力パターンであるが，表4－1ではあえて両方へ1入力を加える場合も含めて記載している。S,Rは通常は図示を省くことが多いが，クロックとは無関係に動作するダイレクトセット端子，ダイレクトリセット端子であり，初期リセット時に使われる（137ページ）。

以降で$\dot{Q}$は，$\bar{Q}$（Qの逆信号）の意味である。文字作成の都合で$\dot{Q}$で代用する。

表4－1において，J,Kは（n-1）の期間での入力信号である。出力信号Q_nは，クロックnの立ち上がりエッジの直後からあらわれ，次のクロック（n+1）の立ち上がりエッジまで持続する（図4－7B）。

表4－1で，J_{n-1}=0，K_{n-1}=0のときQ_nの欄にQ_{n-1}と示されている。このときは，Qが前回クロックでのQ（=Q_{n-1}）と変わらない，ということを示している。

次に実用的により多く使われるD-FF（図4－8，表4－2）を説明する。

表4－1 前縁型 JK-FF の入力と出力の関係

J_{n-1}	K_{n-1}	Q_n
0	0	Q_{n-1}
0	1	0
1	0	1
1	1	$\dot{Q}_{n-1}$

D-FF（Delay-FF）は入力信号線が，D入力1本である。JK-FFのようなリセット入力信号（K）がない。D入力1本が両方を兼ねる。すなわち，D入力が0信号なら，直後のクロック前縁でQ出力は，0に立ち下がる。D入力信号が1なら，直後のクロック前縁でQ出力は1に立ち上がる。表4－2がこの動作を示す。

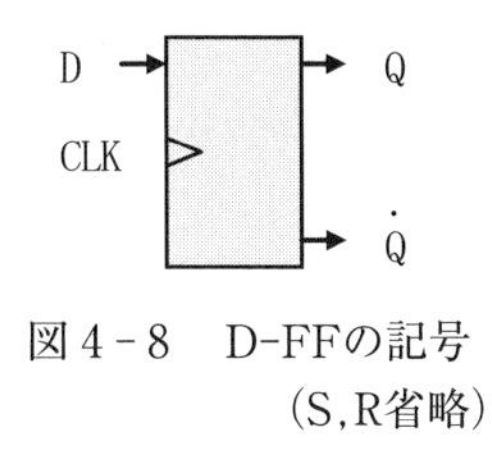

図４－８　D-FFの記号
（S,R省略）

表４－２　D-FFの入力・出力の関係

クロックより前にＤに入っている信号	直後のクロック前縁でのＱの変化
0	→ 0
1	→ 1

JK-FFは入力信号のJ,Kが両方とも０でも，出力Qは，その直前状態を維持し続ける。しかしD-FFは入力信号Dが０になると，その後のクロックでQ出力は０に落ちる。したがってD-FFでは記憶の時間長が１クロック長しかない。一般にレジスタは，データを記憶し維持する役割なので，入力信号が０でも記憶を続けるべきである。したがってD-FFでレジスタを構成したときには，入力が０のとき，記憶続行のために，自己出力を自己入力へ還流させるループ回路を設ける必要がある（図５－３）（図14－４）。

FFにはクロックパルスの前縁で動作が始まるものと，クロックパルスの後縁で動作が始まるものの区別もある。両者は，図４－９Ａ（前縁），図４－９Ｂ（後縁）のようにクロック端子の○記号の有無で判別する。本書では普通は前縁タイプのものを想定して説明する。一般に入力端子に○記号があるときは，その入力端子は，逆極性を有意とする（図４－７ＡのS,Rの○印も同じ)。

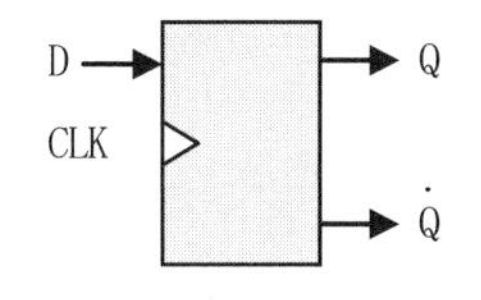

図４－９Ａ　前縁型D-FF

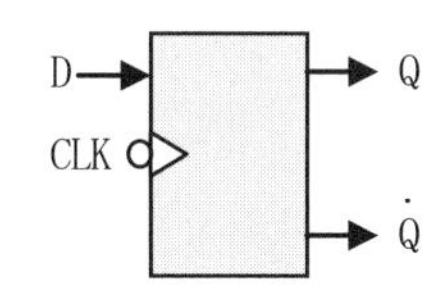

図４－９Ｂ　後縁型D-FF

4.3 クロック同期（Clock Synchronous）

FFはクロックパルスが入ったときのみ動作（状態変化）をする。もっと詳しくいうとクロックパルスの立ち上がりエッジ（前縁），もしくは立ち下がりエッジ（後縁）のいずれか（FF素子の種類による）で動作する。ただし，「動作する」といっても必ず状態（1,0）が反転するとは限らない。それは，クロックパルスが入る直前に入力信号（D or J/K）がいずれに入っているかによる（図4-10）。

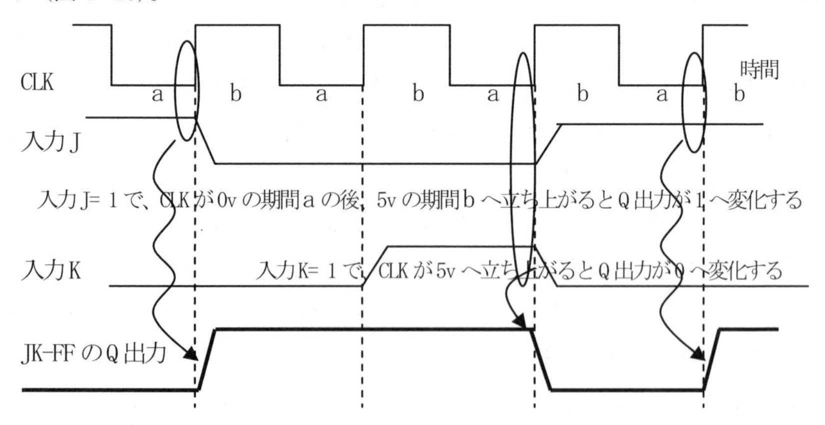

図4-10 クロックパルス前縁で動作するタイプのJK-FFの出力波形

FF 1個は1ビットの信号を受け取り，記憶することができる。FFを16個集めると16ビット＝1語の信号をまとめて受け取り，それを記憶できる。よって16個のFFで1個のレジスタを構成できる。もしCPUに全部で10組のレジスタがあるならば，全部で160個のFFとなる。それら160個のFFの全てに同じタイミングで一斉にクロックパルスが入る。すると，160個のFFは一斉に歩調を揃えて動作する。むろんそのときの入力信号の内容によって，1→0，0→1，1→1，0→0の4種類の変化がありえる。変化の種類は4種類だが，変化する時刻はぴったり一斉に揃っている。

このようにクロックパルスの時刻に一斉に揃って動作するやり方をクロック同期式と呼ぶ（クロックという語を省いて単に同期式ということもある）。

実用されているコンピュータは全てクロック同期式である。またデジタル機器はほとんどクロック同期式である。

CPU内部に存在するデータ（含む命令語）は全ていずれかのレジスタに乗っている。つまり，記憶されている，保持されている，待機中である，表示しているなどの，そのときの動作状況によって微妙な意味合いの違いがあるが，基本的には「記憶」されている。これらのデータが1クロック進むたび（これを1クロックステップという），他のレジスタへ移動したり，その途中経路で加工されたりして1個の命令の指示する演算動作（またはそのワンステップ）を達成する。一般にCPUの内部の動作は1クロックでは単純な動作しかしない。それを数クロック積み上げて1つのまとまった演算動作へ仕上げる（パイプライン方式では工夫してこれを短縮する）。

5章　データの伝達

5.1　データの伝達とは

CPU内にはデータ（１語のデータ）の待機場所であるレジスタが複数個存在する。各レジスタが孤立して存在するだけでは，レジスタは同じデータを永久に保持するだけである。CPUの役目はデータの加工処理である。そのためには保持しているデータを目的に応じて変形する。それには，加工目的の理解，対象データの読み出し，加工の実施，結果の格納などの一連の作業を行う。これら加工処理の方法を順次解析するが，そのもっともな基本動作はデータをあるレジスタAから他のレジスタBへ移すことである。これをデータの伝達という（伝送，転送ともいう）。詳しくいうと，レジスタAが保持しているデータ値をレジスタBに伝え，Bがそのデータ値を保持することである。このときデータを送り出したAは，元のデータ値を失う訳ではない。Aはデータを保持し続ける。Aのデータがいつまで保持されるかは，Aが他のレジスタから別のデータを受け取るときまでとなる。

データの伝達は，１語16ビットを一挙に送る並列伝送と，１ビットずつを時間的に逐次16回送る直列伝送とがある。CPU内部のデータ伝送は全て並列伝送である（直列伝送は，１本～２本の伝送線に頼る通信の場合に使う）。

5.2　データ伝達の関所：ANDゲート

CPU内のデータの実体は，+5v,0vの２種類の電気信号である。したがってデータが伝達される通路は，電気信号の良導体の導線（銅またはアルミ線）である。１本の導線に+5vがあらわれれば“１”信号であり，0vがあらわれれば“０”信号である。だから導線１本は１ビットのデータの通路になる。１語のデータを一挙に並列に伝達する通路としては16本の導線が最低は必要になる。

JK-FFでは１個のFFの入力信号にJ,Kの２本が必要であった。このようなJK-FFを使用しているレジスタにデータ信号を伝達するときは，１ビットにつきJ入力信号，K入力信号の合計２本の信号が必要になる。16ビットのレジスタへ伝達する信号線は32本必要になる。D-FFの場合は，入力信号はD信号１本なので，16ビットレジスタの並列伝達の場合は16本の信号線で足りる。CPUを１石のLSIに収容する場合は，素子の数の他に信号線の数も非常に問題になるので，レジスタ間を渡る信号線は少ない方が望ましい。この面から，一般にCPUのレジスタは，JK-FFではなく，D-FFで構成される。図５-１にD-FFAからD-FFBへデータ（１ビット）を伝送する接続線（１本）を示す(CLK線は別)。

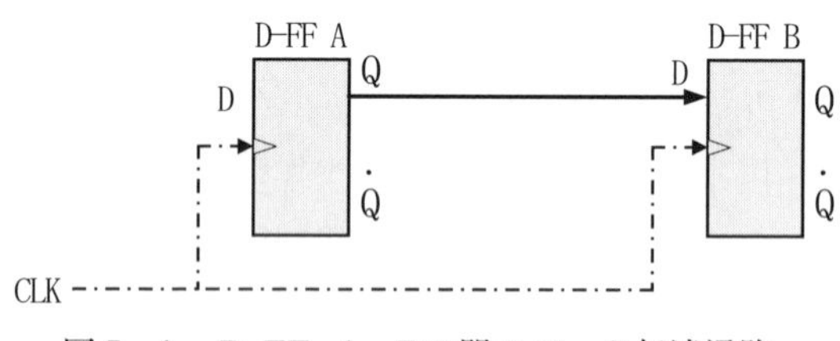

図５-１　D-FF A→Bの間のデータ伝達通路

あるクロック前縁でD-FF Aにあるデータ値が乗ると，そのデータ値は，次のクロック前縁でD-FF Bに伝達される。Aにデータが乗ると同時にAのデータがBへ伝わるのではない。１クロック後の前縁時刻に伝わる（理由は図４-６Cで説明したレーシング防止構造による)。

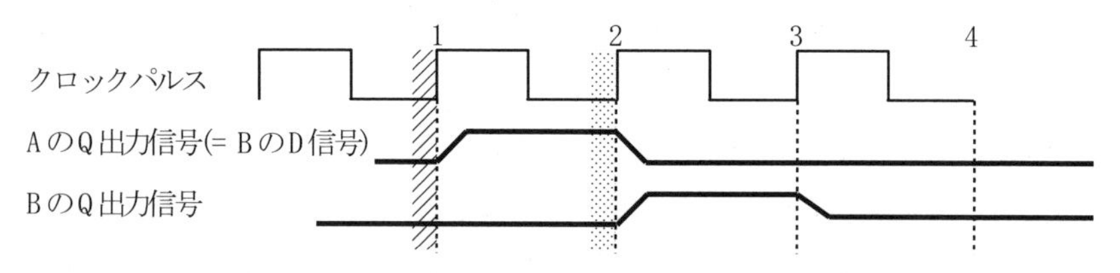

図５-２　D-FF AとBのQ出力信号の波形（+5vと0vの変化）

なぜ1クロック遅れてBに伝わるのか？それは，クロックの前縁でのみ動作するクロック同期式FFの基本的性質のためである。すなわちクロックの前縁直前の時間帯でのD入力によって，FFがどう動くかを決める。クロック1の前縁でAが立ち上がるには，前縁の直前でD入力が1になっている必要がある(この波形は図示されていない)。Bがクロック1ではなぜ立ち上がらないか？それは，BのD入力（=AのQ出力）がクロック1の直前の時間帯（図5-2斜線部）でまだ0だからである。クロック2の前縁直前の時間帯（図5-2の点々部）では1だから，BのQ出力はここで立ち上がる。この性質のためにFFが順に連なって接続しているとき，FFの動作は1クロックずつずれて伝わる。

【問3】 D-FFが3個（A,B,C）ある。お互いの間を下図のように直結している。スタートする前の初期状態（リセット状態）は，A＝1，B＝0，C＝0である。この後クロックパルスが連続して加えられる。このとき下図に示すタイムチャートにA,B,CのQ出力の波形を描け。

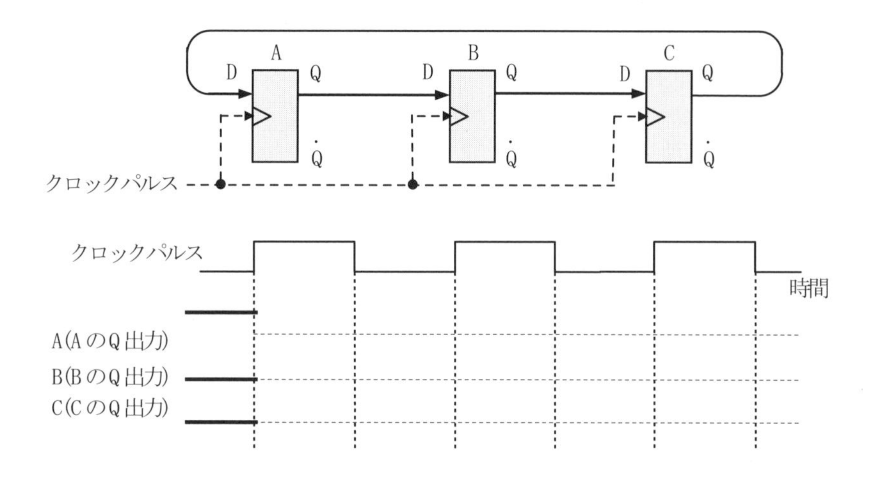

問3の接続図とタイムチャート

データの伝達にとって必要なことは，実は図５－１のように常に隣のFFへ伝えることではなく，「伝えたいときだけ伝える」ことである。それには図５－３のような関所を途中に必要とする。この関所の役割は，信号Gが +5vのときだけ，Aから出る信号がBに伝達され，Gが0vのときには信号を遮断することである。

「遮断する」というと，図５－３のように導線を途中で切断するイメージとなるが，実際には機械的に切断したり接続したりするようなスイッチは，微細な半導体電子回路ではできない。

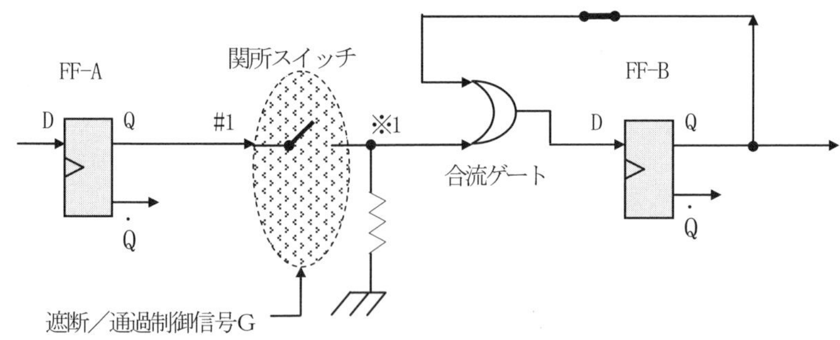

図５－３　伝えたいときにだけ信号が通過する関所の概念図

(FF-Bのループバックしている線の途中にあるスイッチは、関所のスイッチと逆に連動する。これはデータ維持ループである。図示していないがFF-Aにも同様ループがいる)

そこで，機械的に「遮断する／接続する」という動作を，電子回路（論理回路）で実現するにはどうするべきか。それには，機械スイッチの代わりに電子スイッチすなわち論理ゲート回路を挿入する。そのゲート回路が，ゲート通の場合は，FF-AのQ信号をFF-BのD入力へつなげ，ゲート断の場合には，FF-Aの出力いかんにかかわらず，ゲートからFF-Bの入力側へ送り出す信号※１は“０”信号にする。このとき，FF-BはD-FFタイプなので，そのままD入力が０になるなら，次のクロックでFF-B自体が０に落ちてしまうので，元の状態を維持するには，図５－３のようなデータ維持ループを設ける必要がある。こうして，論理ゲートが通の場合（ゲートONとも呼ぶ）は，FF-Aの信号が

FF-Bへ伝えられ，論理ゲートが断の場合（ゲートOFFとも呼ぶ）は，FF-Aの信号は遮断されてFF-Bは従前状態を維持する。これを図5-4に示す。

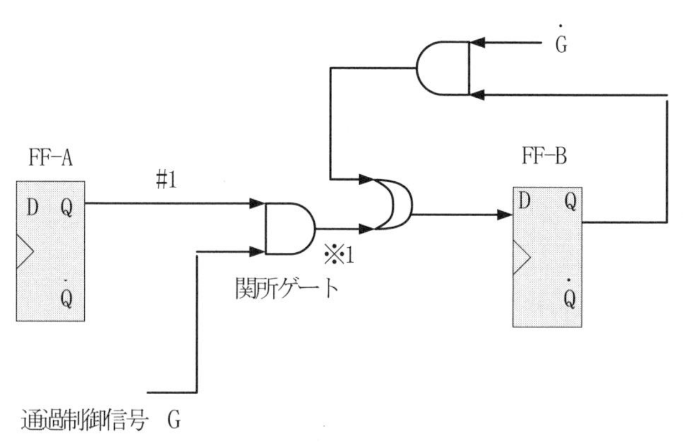

図5-4 データ伝達の関所ゲート

G=1のとき #1の信号が ※1に伝達される。G=0のときは，遮断され，※1は0信号となる。このときは逆に維持ループのゲートがONとなって，FF-Bの出力信号が入力へループバックされる。

関所ゲートの機能を要約したのが表5-1である。この表の機能をさらに“1”と“0”だけで純化して表現すると，図5-5と表5-2のように表せる。表5-2の形に入力出力の対応関係が表現されるゲートをANDゲートと呼ぶ。

表5-1 関所の動作表

関所ゲート	関所出力※1
G=通（ON）	出力＝#1
G=断（OFF）	出力＝0v

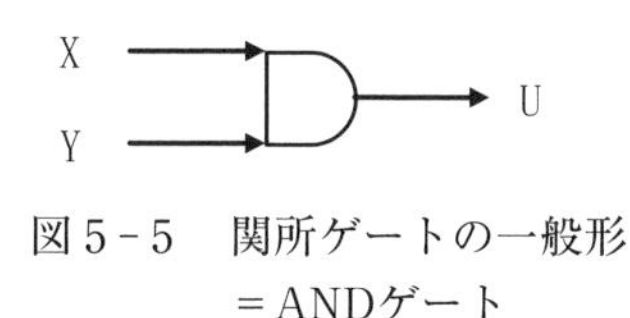

図5-5 関所ゲートの一般形
＝ANDゲート

表5-2 ANDゲートの動作表（関数表）

X	Y	U
0	0	0
0	1	0
1	0	0
1	1	1

表5－2のように左側に入力条件，右側に出力結果を対称表にしたものを関数表（詳しくは論理関数表，もしくは真理値表）と呼ぶ。関数表の見方，作り方を理解することは非常に重要である（論理演算とか論理関数は後述）。

ANDゲートの機能を言葉で表現すると，

「2つの入力の両方とも（X and Y）が1のときのみ出力Uが1になる」

ということになる。これを逆側（0の側）からいうと

「入力のいずれか片方でも0があると出力は0になる」

となる。X入力を図5－3の「伝えたいとき」の信号と考えれば，

「X＝0では常に出力U＝0，X＝1だと出力UはYの内容によらずU＝Y」

となっていることが分かる。すなわち，X=1 ならば，Y信号がゲートを通過して U にあらわれる。

5.3 ANDゲートの一般的な定義

前節までは，データを伝達する（通したり塞き止めたりする）途中の関所としてANDゲートを説明したが，単純に入力の0信号／1信号を一定の条件で出力へ出すゲートと見て，一般化して定義しなおすと表5－3・4のような関数表（真理値表）になる。

表5－3 2ANDの関数表

入力 信号X	入力 信号Y	2入力ANDの 出力信号U
0	0	0
0	1	0
1	0	0
1	1	1

表5－4 3ANDの関数表

入力 信号X	入力 信号Y	入力 信号Z	3入力ANDの 出力信号V
0	0	0	0
0	0	1	0
0	1	0	0
0	1	1	0
1	0	0	0
1	0	1	0
1	1	0	0
1	1	1	1

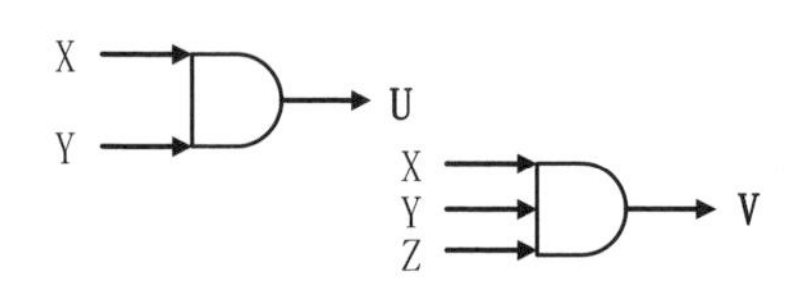

5.4　ANDゲートの視覚的なモデル

ANDゲートは微細な半導体電子回路で実現されている。ここでは2入力ANDゲートを，理解しやすいように模型的な電磁石回路モデルを用いて動作原理を説明する（2入力以外に3入力，4入力，8入力などが実用されている)。

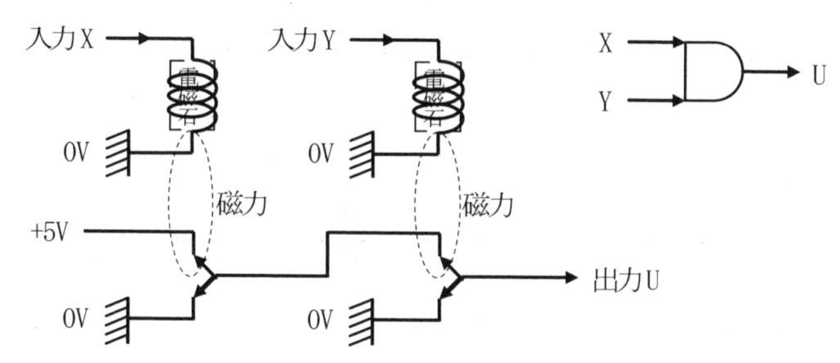

図5－6　ANDゲートの動作原理の模型
(電磁石に信号電流が通ると磁石の引力で接点が上側へくっつく)

図5－6に示すように入力X,入力Yがともに +5vのときのみ電磁石に電流が流れ，磁力によりその接点が両方ともに上側になり，出力Uには +5vが出現する。すなわちU=“1”となる。

どちらか片方でも信号が0vならばどちらかの接点が下側となり，出力U には 0vが出現する。すなわちU=“0”となる。

5.5　データ伝達ルートの合流点：ORゲート

複数個のレジスタがあるとき，当然ながら複数個それぞれの組み合わせで，相互にデータを伝達する必要がある。図5－7にその具体例を示す。この図を見ると，例えばDレジスタへ他レジスタから流入して来るルートは3本のルートがある。1個のレジスタには16個のFFが並列に並んでいるから，この図の

1本のルート（1本の矢印）は実は16本の線からなる。その中の1個，例えばDレジスタの第0ビット“D_0”を取り上げてこのFFに他のレジスタの各第0ビットからのデータが伝達される回路の状況を図5-8に示す。

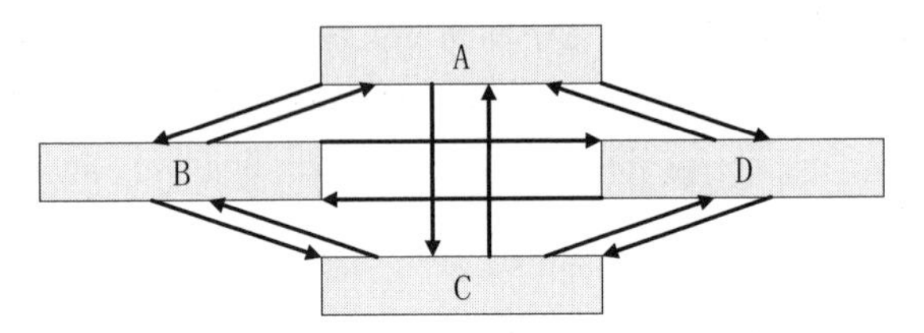

図5-7　4個のレジスタ相互間のデータ伝達ルート

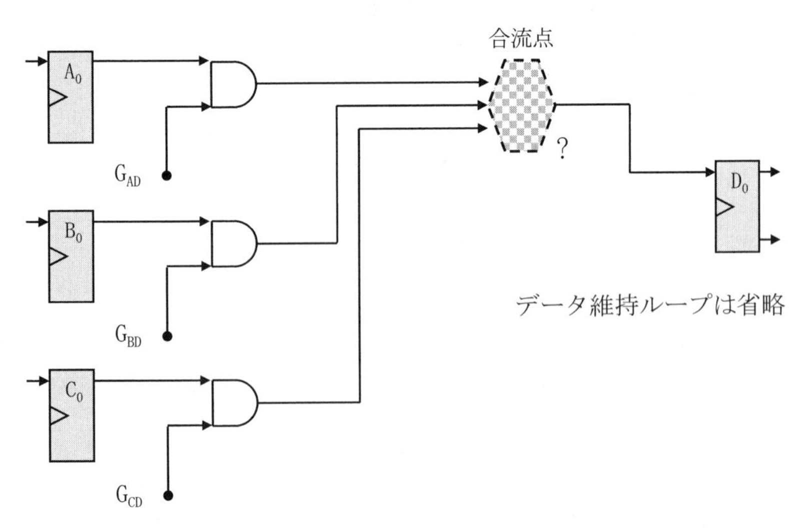

図5-8　D_0ビットへA_0,B_0,C_0からデータ伝達の経路

図5-8において，Aレジスタ→Dレジスタへのデータ伝達のときは，G_{AD}=1となり関所が開く。しかしG_{BD}=0，G_{CD}=0となって他のレジスタからの関所は閉ざされている。ところでこのとき，図5-8の点線で囲まれた部分はどうすればよいか？ここはデータの合流点である。合流点とはいっても普通は3つの関所のうち，どれか1個が開くだけだからデータが衝突することはない。どの関所から出てきたデータも平等にD_0の入力へと通過させてやればよい。そ

こでもっとも単純に考えて，ここに集まる線を図5－9のように直結してしまうとどうなるか？

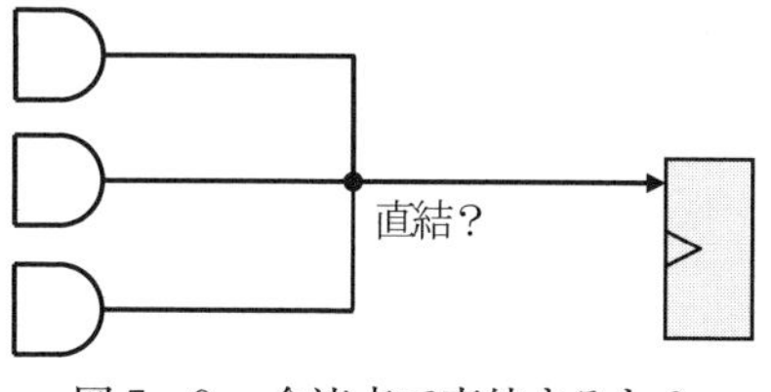

図5－9　合流点で直結すると？

図5－10は3個のANDゲートの出力が直結され，各ゲートは出力値として1,0,0を出力しようとしている。しかし3本の出力線が直結されているなら，この信号線には +5vがあらわれるのか？または0vがあらわれるのか？

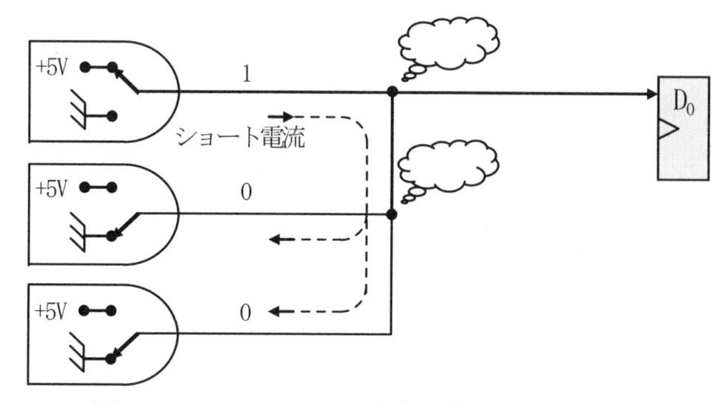

図5－10　ANDゲートの出力回路の直結の問題点

ANDゲートの出力部分は，図5－10のように回路が構成されていることを考えると，+5vからアース（0v）に向かってショート電流（過大電流）が流れ，電線は1秒もたたずに焼損して溶けてしまう。同時にANDゲートの出力部も焼損する（一般に出力は大電流を流しうる回路，入力は大電流が流れこまないような回路[1]で構成されている）。FF素子の出力部分も内部では+5v,0v,いずれかに接続している点は同じことなので，FF素子の出力同士の直結もまた許されない。過大な流入を防ぎ出力同士の直結を許す方式のスリーステート回路もある（64ページ参照）。

結論として，図5－8の6角形点線で囲まれた部分は，信号を合流させたいのだが，直結は許されず，信号を合流させる機能を持った新たなゲートがいる。

その機能は，3本の入力線のどれかに“1”信号（+5v）があれば，それを通過させてやることである。このような機能を持つゲートを「ORゲート」と呼び　　　　記号（2入力の場合の例）で表す。図5－11に合流部の図，表5－5にORの関数表を示す。

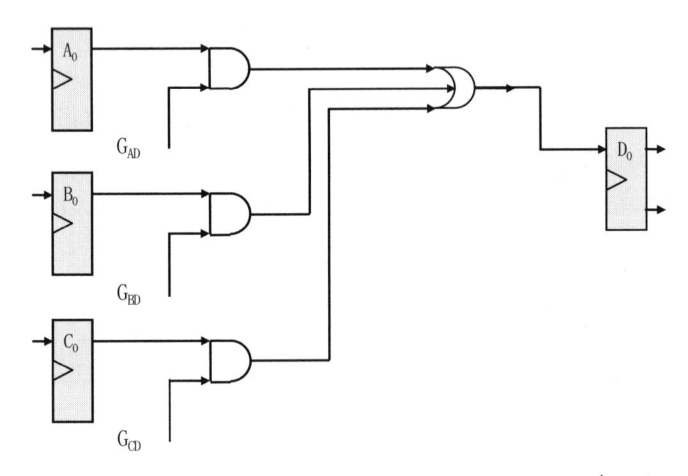

図5－11　信号の合流点の通過ゲート：ORゲート[1]

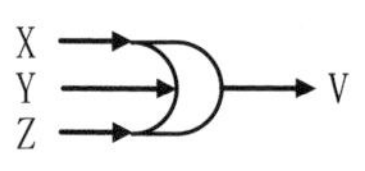

［Vは X, Y, Z, の合流結果であり，1つでも“1”信号があればそれを出力へ通す］

表5－5　3入力ORゲートの関数表

X	Y	Z	V
0	0	0	0
0	0	1	1
0	1	0	1
0	1	1	1
1	0	0	1
1	0	1	1
1	1	0	1
1	1	1	1

1　一般に論理回路素子では，出力端子から入力端子へつなぐ通常の配線には過大電流は流れない。なぜなら入力回路には一般に大きな抵抗があり，入力電流が小さくなるように抑えているからである。このため1個の出力端子から10個程度の入力へ並行して信号を供給することができる。この供給能力をFan-Outと呼ぶ。

ORゲートはデータ伝達ルートの合流点に使う以外に一般的に「信号を集める」ところに使う。図５-12はFF-A,-B,-Cが（1,0,０）と（0,1,０）の２つの場合に１となるような条件検出ゲートを示す。

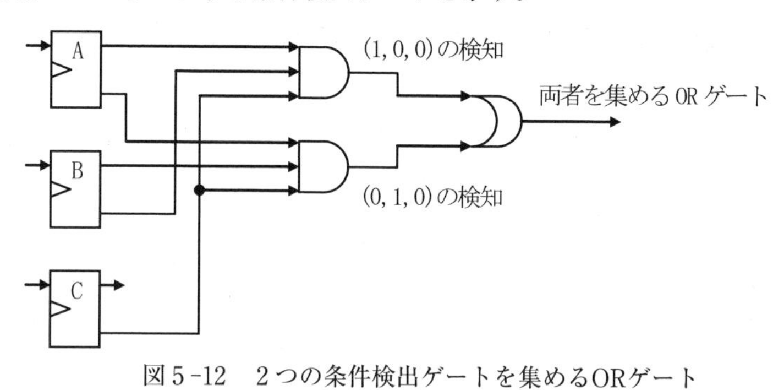

図５-12　２つの条件検出ゲートを集めるORゲート

5.6　ORゲートの視覚的モデル

ORゲートの機能を理解するため，図５-13に電磁石回路模型を示す。

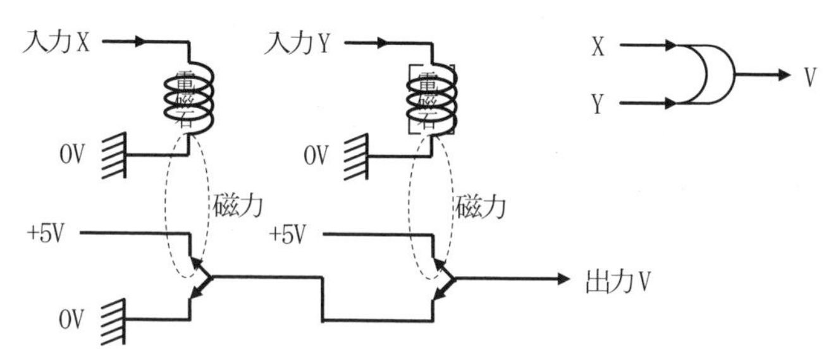

図５-13　２入力ORゲートの動作原理の模型
（電磁石に信号電流が通ると磁石の引力で接点が上側へくっつく）

【問4】 ANDゲート動作模型の図5-6と，この模型図はどこが違うか比べてみよ。

5.7　信号を逆転させるゲート：NOT（INVとも呼ぶ）

入力信号の“1”，“0”を逆転して出力へ出すゲートをNOTゲートと呼び，図5-14のように書く。関数表は表5-6となる。

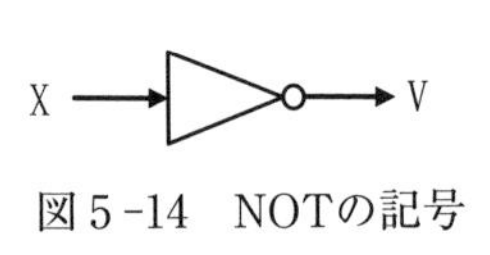

図5-14　NOTの記号

表5-6　NOTの関数表

X	V
0	1
1	0

5.8　データの共用通路：バス

図5-15Aにレジスタが6個ある場合の相互のデータ伝達ルートを示した(15ルート往復30本)。CPUの中には簡単なもので10個程度，多いもので100個程度のレジスタがある。図5-15Aのように相互に橋渡し的に伝達ルートを設けると，レジスタ10個の場合で45ルート往復90本，100個の場合では4950ルート往復9900本の通路を必要とする。

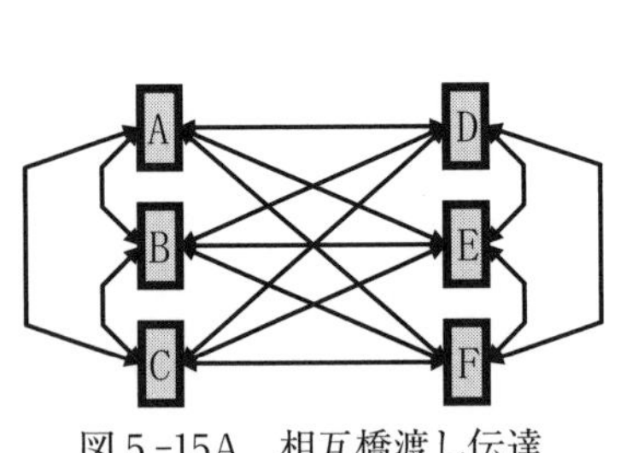

図5-15A　相互橋渡し伝達

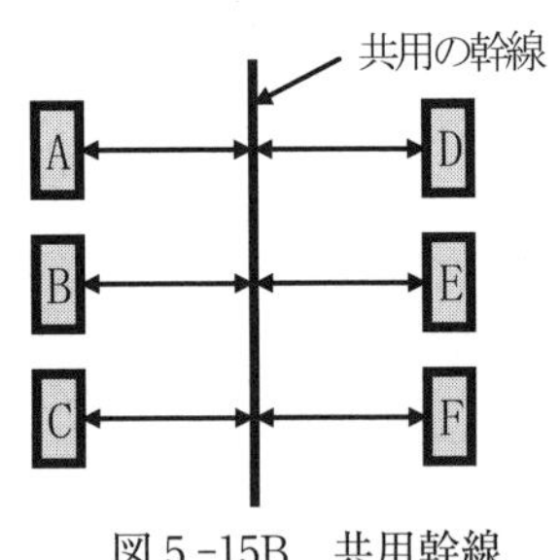

図5-15B　共用幹線

ここで言及している1本の通路には，内部的には16本の線が並行して走っている。結果としてはデータの相互伝達のために膨大な配線とゲートとが必要になる。これを改善する方策は，1対1に橋渡し的に通路を通すのではなく，共用の幹線道路を使うことである（図5-15B)。幹線をバス（bus）とも呼ぶ。

図5-15はレジスタが6個の場合であるから，両者のルート数の差はそれほど大きくはないが，レジスタの個数をn個とすると，伝達ルートの本数は，

直接橋渡し式……………$R_D = n(n-1)$　　（n^2のオーダー）

共通道路式　……………$R_B = 2n$　　（nのオーダー）

となるので，nが10個程度を超えると大きな差になる（配線数を減らすことは，半導体集積度向上に非常に重要である)。

コンピュータ用語では共通のデータ通路をバスと呼ぶ。バスは地理的な幹線道路と幾何的（トポロジカル）に類似しているが，地理的な道路の場合はその上に同時に多数の通行者が存在しうる。これに対してコンピュータのバスの場合は，通るデータは電気信号（+5v or 0v）であり，同時には1個のデータしか存在できない。したがって共用とはいうものの，同時（同じクロック期間）には共用はできない（時間を分けて共用する)。

5.9 バスの構成

図5-15Bのバスは実際にはどうすればできるのか？単に線を直結してしまえばよいのか？具体例としてA,B,C,各レジスタの0ビット目，A_0,B_0,C_0から関所となるANDゲートを経由してバスに接続するポイントを直結してみる（図5-16)。

こうすると図5-10と同じ短絡（ショート）が発生する。これを避けるには，①ORゲートでいったん受ける，②ANDゲートをオープンコレクタ型にする，③ANDゲートをスリーステート型にするという対策がある。

バスへのつなぎこみ部分は，一般的につなぎこむ側のレジスタの数が多く，特に入出力バスの場合は，つながる数が不定な場合もありうるため，①はフレ

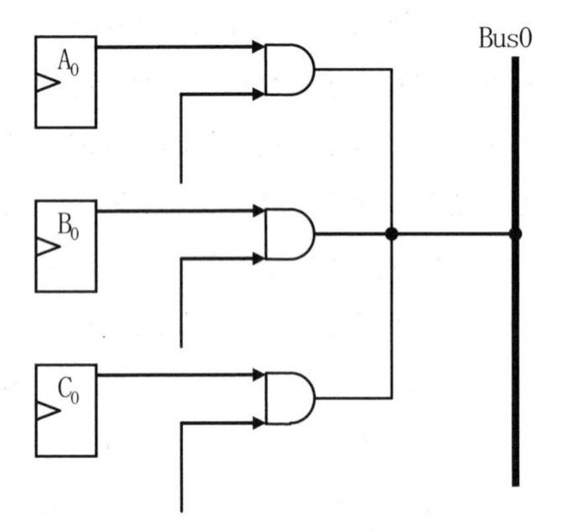

図5-16 バスへのつなぎ方（直結してよいか？）

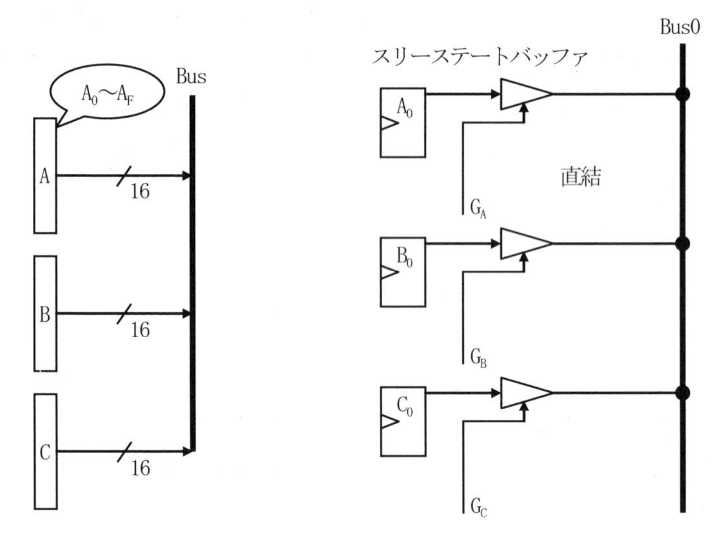

図5-17A レジスタA,B,C,からバスへ接続するブロック図

図5-17B スリーステートバッファを使用した接続例

キシブルに対応できない。②はプルアップ抵抗の追加が面倒である。よって，③を使用する。③は，ゲートの出力が“1”と“0”だけではなく，“1”，“0”，“OFF”，と3個の状態があるスリーステート（3状態）回路になっている。す

なわち，バスにデータを出さないタイミングでは，レジスタ出力を“OFF”として，バスからハイインピーダンスで絶縁状態にできるものを使用する。この場合は他のゲートから出力電流が回り込んで焼損する危険がない（図5-17B)。

ゲート信号G_A,G_B,G_Cの中のどれか1個が“1”になり，そのゲート出力のみがバスにつながる。ゲート信号が“0”のスリーステートバッファは，出力は“OFF”状態，すなわち高抵抗で絶縁状態になる。この場合はORゲートは不要で，スリーステートバッファ出力信号線を該当バス線に直結すればよい。

5.10 コンピュータの回路素子のまとめ：FFとその他のゲート類との相違

以上に説明した5つの回路素子FF,AND,OR,NOT,スリーステートバッファはデジタル回路素子の基本素子であり，この5種類の回路によりあらゆるデジタル回路はつくれる。この5つの回路素子は大きく2分してFFとその他とに分けられる。後者をまとめて単にゲート類とも呼ぶ。FFとゲート類とは決定的に違う点があり，それを表5-7にまとめる。

表5-7 コンピュータ回路素子のまとめ

	FF	ゲート類
基本機能	データが存在するところ	データが通るところ
具体的用途	データの待機場所，発着場所，記憶場所	データの関所，合流，条件検出，変形
記憶機能	あり	なし
動作タイミング	クロックパルスの立ち上がりエッジ，または立ち下がりエッジで変化動作が始まる	タイミングには何もケジメなく，入力信号が到着すれば，内部回路の遅延を経て出力信号があらわれる
動作の特徴	Q出力，$\dot{Q}$出力は必ず逆信号になる。出力同士を直結すると過電流事故になる	スリーステートバッファ以外のゲートは，出力同士を直結すると過電流事故になる

6章　論理式／論理演算

6.1　論理とは何か

一般に「論理」とは，「物理」に対置させて使う例が多い。その場合，物理は具体的なものを意味し，論理は抽象的なものを意味している。

コンピュータの場合の論理とは，２値論理またはブール代数の意味で使う。２値論理とはギリシャ時代にあらわれたもので，ある命題が成立する（＝真）ならば別の命題が成立する（＝真）か，否（＝偽）かどうかを三段論法を積み重ねて証明するもので，真か偽かの２種類に土俵を限定し，議論を極端に抽象化する。ギリシャ論理の２値を一般化すると，議論の対象を命題の真偽でなく，ある種の信号の有無でもよい。２種類の信号を１と０とすると表記の仕方が数式に類似し，書式として便利である。そこでこれを代数の一種のように見立てて，ブール代数または論理式とも呼ぶ。ブール代数／論理式は，表記上は２進数に似ているが内容は別物である。以下，ブール代数といわず論理式という。論理や論理式を正確に理解するために，以下にA,B,C,Dの４つの視点から説明する。

Ａ：物理学，数理学，論理学（古代ギリシャの論理学）の違い

物理：実存の物質やエネルギーを対象としてその挙動の原理を探求する

数理：抽象的な存在である数を対象として，数と数の関係を数式を使って記述し，整理し，その間の法則を探求する

論理：「AならばB」「BならばC」が成立するならば，「AならばC」が成立する，というような命題と命題の間に新たにどんな命題が成立するか，を探求する

「物理＜数理＜論理」の順に抽象性が拡大する（抽象化が過ぎると机上論の

遊びに堕する危惧がある)。

「論理＜数理＜物理」の順に奥行きが深くなる（物理学はまだまだ未知の領域が残っている)。換言すると，ギリシャ論理学は，実用的には頭脳トレーニングに役立つ程度の狭いものと思われてきたが，コンピュータが出現してようやく実用的にも使われる場ができた。

B：論理演算とは

・数理の根底にある基本演算は加法（足し算）である

・論理の根底にある基本演算は，AND,OR,NOTである

・数理は加法の基礎の上に乗除，指数，対数，微分，積分，ベクトル，行列…と巨大な展開がなされ，数学という一大学術分野を形成した

・論理は，AND,OR,NOTで終わりである。学術分野形成には至っていない

・数理演算で扱う対象は，自然数，整数，有理数，無理数，複素数，図形…と多種多様である

・論理演算で扱う対象は，１と０だけである
（歴史的には，論理で扱う対象は命題であり，その真か偽か，を問題とした。しかしこれを一般化して，論理演算で扱う対象は１と０だけの２種類の信号である，と考えてよい)

C：論理演算式で使う記号の注意

・論理演算においてAND,OR,NOTは，論理式の中での記号として，$\cap$, $\cup$, $\overline{\ \ }$ が正式に定義されているが（例$A \cap B$, $A \cup B$, $\overline{A}$)，実際によく使う記号は，• ＋ $\overline{\ \ }$ である（例$A \cdot B$, $A+B$, $\overline{A}$)。
とりわけ • ＋ が算術演算の乗算，加算と同じ記号なので，しばしば混同して取り違える。混同を防ぐ意味では正式記号を使う方がよいのだが，世の中の大多数の参考書が後者の記法（・,＋）を使っているので，ここでも後者を使用する。さらに否定記号（オーバーライン）$\overline{\ \ }$を文字に重ねる手間は，パソコン文書作成上非常に面倒なので，場所によっては$\dot{A}$とか

$\dot{B}$とかの傍点をオーバーラインの代用にする

D：２進数と論理信号の混同に注意

・２進数はあくまで２進数という表現方法で表現された数値である

・２進数は数値であるから桁数があり，普通は16ビットか32ビットからなる（テキストでは簡単のために４ビット程度からなる小さな数値を例にあげることも多い）

・論理式が扱う対象は２値信号（＝論理信号）であり，数値ではない

・論理信号には桁という概念がない（数値ではないから当然）

6.2　論理式・論理信号

論理信号　　　　：１と０のどちらかの値のみの信号

論理信号の処理　：AND,OR,NOTの３種類（XORはAND,ORの組合せ）

論理機能の表現　：関数表，論理回路図または論理式

一例として XOR（Exclusive OR）機能を論理回路図，関数表，論理式で表す

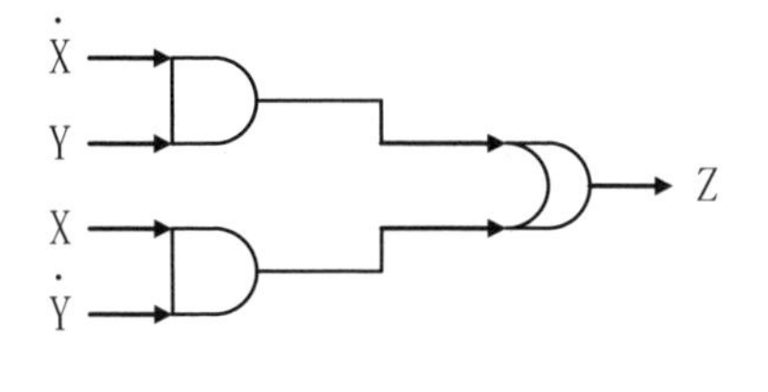

X	Y	Z
0	0	0
0	1	1
1	0	1
1	1	0

$$Z = \overline{X} \cap Y \quad \cup \quad X \cap \overline{Y} \qquad (6.1)$$

$$= \dot{X} \cdot Y + X \cdot \dot{Y} \qquad (6.2)$$

$$= \dot{X}Y + X\dot{Y} \quad = \quad X \oplus Y \qquad (6.3)$$

図６－１　XORの機能の論理回路図、関数表、論理式の対応

論理式においては正式には，ANDを∩，ORを∪，NOTを ￣ で表すので(6.1) 式になるが，通常の習慣では (6.2) (6.3) 式の表現が多い。その場合は，ANDが算術演算における積，ORが算術演算における加算と同じ記号を用いるため，うっかりすると算術記号／算術式と混同する（⊕ はXOR記号)。

（例） $X+X=2X$ （算術式）　X plus X equal 2X （Xは数値）

　　　$X+X=X$ （論理式）　X or X equal X （Xは論理信号）

6.3 論理機能のつくり方

ある機能（例えば算術加算機能）を持つ論理ゲート回路を設計しようとするとき，まずその機能の入力と出力の関係を整理し，それを関数表に表す。次に関数表を見て，いきなり回路図を描いてもよいが，普通はいったん論理式で表現する。論理式を中間に挟むことで，式の上でいろいろな簡略化を発見しやすい。結果的に，より簡単な回路図に仕上がる。論理式を簡略化する手法として6.4節にしめす論理演算ルールがある。次に簡略化の具体例を示す。

ZはA，B，Cの３つの入力信号を受けて表６-１のような出力を出す信号である。この関数表をそのままZの論理式に表現すると次のようになる。

表６-１　Zの関数表

A	B	C	Z
0	0	0	0
0	0	1	0
0	1	0	1
0	1	1	0
1	0	0	0
1	0	1	1
1	1	0	1
1	1	1	1

$$Z=\dot{A}B\dot{C}+A\dot{B}C+AB\dot{C}+ABC \qquad (6.4)$$

(6.4) 式の右辺は関数表の影を付けた4項に対応する。

これをもっと簡単な式にできるかもしれない。そこで6.4節の論理関係式を使って簡単化を試みる。簡略化を行う過程で，6.4節の(９)分配則と(４)補完則を使っている。

分配則の一般形式：$AB+AC=A(B+C)$ 　(6.5)

補完則の一般形式：$A+\dot{A}=1$ 　(6.6)

関係式(6.5)(6.6)が成立することは，この２つ

表 6-2 (6.5) 式＝分配則の関数表

A	B	C	AB	AC	AB+AC (左辺)	A	B+C	A(B+C) (右辺)
0	0	0	0	0	0	0	0	0
0	0	1	0	0	0	0	1	0
0	1	0	0	0	0	0	1	0
0	1	1	0	0	0	0	1	0
1	0	0	0	0	0	1	0	0
1	0	1	0	1	1	1	1	1
1	1	0	1	0	1	1	1	1
1	1	1	1	1	1	1	1	1

全入力組合せ　出力一致

〔ABCの全ての組合せにおいて，(AB+AC)とA(B+C)は同じ論理出力を示す。よって(6.5)式は成立する〕

表 6-3 (6.6) 式＝補完則の関数表

A	$\dot{A}$	$A+\dot{A}$
0	1	1
1	0	1

〔Aの全ての場合において $A+\dot{A}$ は1である。よって(6.6)式は常に成立する〕

の式の左辺と右辺の関数表を作成すると，全ての入力で左辺右辺が一致することから証明される。

(6.5)(6.6)式を応用すれば，(6.4)式を(6.7)式のように簡単化できる。

$$Z=\dot{A}B\dot{C}+A\dot{B}C+AB\dot{C}+ABC=(A\dot{B}C+ABC)+(\dot{A}B\dot{C}+AB\dot{C})$$

右辺の２つの（　）に分配則を適用すると

$$=AC(\dot{B}+B)+B\dot{C}(\dot{A}+A)$$　２つの(　)内に補完則を適用すると

$$=AC+B\dot{C} \tag{6.7}$$

(6.7)式の右辺を論理回路図に描くと，図6-2のようになる。これは(6.4)式の右辺をそのまま回路図にするよりも大幅に簡単化されている。

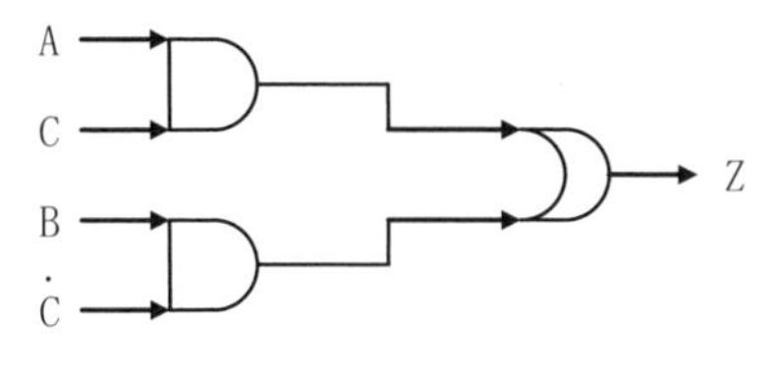

図6-2　Zの論理回路図

6.4　論理演算におけるいくつかの関係式

以下に論理演算を行うときによく使ういくつかの関係式を例示する。これらの式が成立する証明は省略するが，もし証明を必要とする場合は，関数表を作成して左辺と右辺が常に等しいことを容易に証明できる。

$$X \cdot X = X \qquad (1)$$

$$X + X = X \qquad (2)$$

$$X \cdot \dot{X} = 0 \qquad (3)$$

$$X + \dot{X} = 1 \qquad (4)$$ 補完則

$$X \cdot Y = Y \cdot X \qquad (5)$$

$$X + Y = Y + X \qquad (6)$$

(5)(6) 可換則

$$X (Y \cdot Z) = (X \cdot Y) Z \qquad (7)$$

$$X + (Y + Z) = (X + Y) + Z \qquad (8)$$

(7)(8) 結合則

$$X \cdot Y + X \cdot Z = X (Y + Z) \qquad (9)$$ 分配則

$$\overline{X + Y} = \dot{X} \cdot \dot{Y} \qquad (10)$$

$$\overline{X \cdot Y} = \dot{X} + \dot{Y} \qquad (11)$$

(10)(11) ド・モルガン則

$$X + \dot{X} \cdot Y = X + Y \qquad (12)$$

$$X \oplus Y = \dot{X}Y + X\dot{Y} = (X + Y)(\dot{X} + \dot{Y}) = (X + Y)\overline{XY} \qquad (13)$$

6.5　論理演算と加算回路の関係

コンピュータはもともと数値演算を行うために考案された。論理演算は数値演算とは似て非なるものであり，コンピュータの最終目的ではない。しかるにコンピュータの加算回路を考えるときは論理演算（AND,OR,NOT）が基礎になっている。それはなぜか？

その理由は，コンピュータの数値演算が10進数ではなく2進数を使っていることに起因している。2進数は1と0とだけを扱う。論理演算も1と0とだけを扱う。この点での類似性のために2進数を扱う「道具」として論理演算が利用されている。

しかし注意すべき点は，数値演算はあくまで数値を扱うものであり，論理演算は数値を扱うものではない点である。似ているのは表面的な形であって，1と0との意味は両者で異なる。

- 2進数での1と0とは，1という値，0という値である
- 論理演算での1と0とは，1信号，0信号である（論理信号は1と0でなく，黒と白でも長と短でもよい）
- 2進数では数値を扱うため当然のこととして，「桁」がある
- 論理演算では「桁」という概念はない。対象が数値ではないから大小の概念がない。あえて桁に結び付けるならば常に1桁である。

このように本質的な相違があることを理解した上で，両者の形の上での同一性に着目して，2進数値演算を行う回路に論理演算回路を利用する。論理演算回路は単純な構造だからトランジスタ素子で容易につくれる。しかし数値演算回路を直接トランジスタでつくるのは困難である。

例えるならば，論演算理回路はレンガのような素材であり，これを多数組み合わせて加算回路という建物を構築するようなものである。

【問5】ド・モルガン則（10）（11）を証明せよ。

7章　2進数での演算(数値演算)

7.1　CPU内での2進演算回路の位置づけ

普通CPUには1個の2進加算論理算回路（ALU：Arithmetic Logical Unit）がある。ALUは数値演算と論理演算の両方の機能を兼ね備えている。

図7-1のALUがこれから説明する2進演算／論理算回路である。A,B,Sな

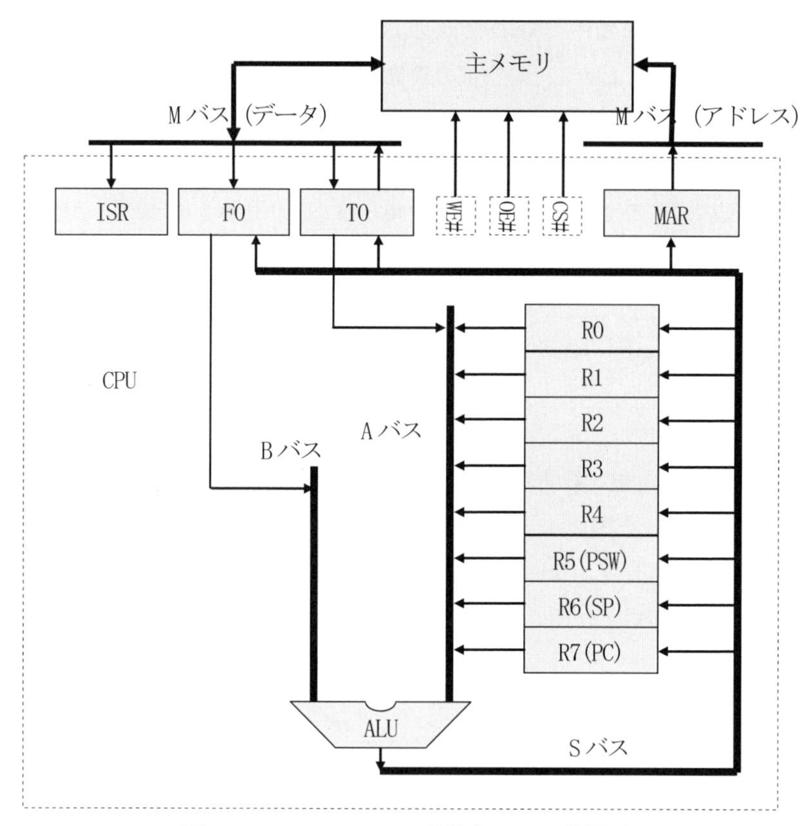

図7-1　SEP-E CPUの骨格とALUの位置づけ

どのバスは5.7節，5.8節で説明したデータの共用通路であり，それぞれ16ビット幅である。バスに入る矢印線にはそれぞれ関所ゲートがついているが，省略して図示していない。ALUは多数の論理ゲートの複合体である。ALUのもっとも代表的な機能は，2進加算であり，Aバスの2進16ビットデータとBバスの2進16ビットデータとの2進加算結果が16ビットでSバスに出現する。

7.2 2進加算回路の構成

図7-1の中にあるALUは16ビット2進加算の他に，減算動作，インクリメント動作，論理演算動作（AND,OR,XOR）などの多くの演算を実行できるようになっている。しかしその内部の構成の主要部は，あくまでも2進加算回路である。ALUの全ての機能の説明は後の章で行うこととし，ここでは2進加算回路に絞って説明する。ここではまず正の値のみを対象として説明する。

まず今後の説明の理解のため，下記の問6の2進数加算を紙と鉛筆で行え。

【問6】

```
     0 1 1          0 1 1 0 1 1
 +)  0 1 0     +)   0 0 1 0 1 0
 ---------     ----------------
```

（補足）紙上での加算の仕方は10進と同じだが，桁上がりが頻発する点に注意すること。

問6から類推されるように，16ビット2進加算回路は1ビット2進加算回路を16個繰り返し接続すればできあがる。その状況を図7-2に示す。

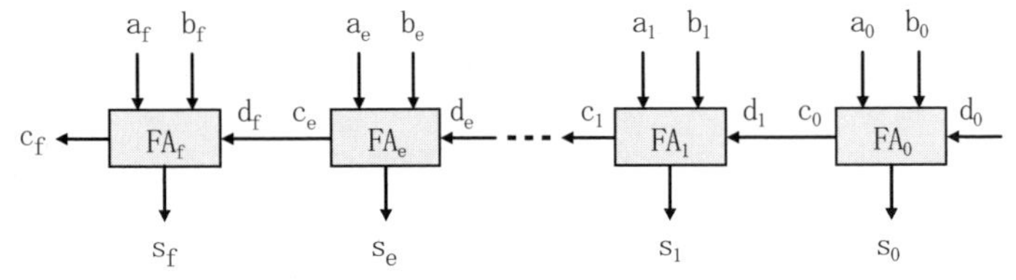

図7-2 16ビット2進加算回路の構成（Ripple carry Adder方式）

$a_f \sim a_0$：Aバスから加算回路へ入力される16ビット2進数

$b_f \sim b_0$：Bバスから加算回路へ入力される16ビット2進数

$c_f \sim c_0$：各桁の加算回路で発生する上位桁への繰り上がり（carry out）

$d_f \sim d_0$：各桁の加算回路へ下位桁から入って来る繰り上がり（carry in）

すなわち：　$d_i = c_{i-1}$

$s_f \sim s_0$：各桁の加算回路で発生する加算結果出力（sum）

$FA_f \sim FA_0$：各桁の加算回路（FA：Full Adder）

7.3　2進加算回路

図7-2の中の $FA_f \sim FA_0$ が16ビット2進加算回路である。各ビットともまったく同じ回路FAを繰り返し使用している。そこで1個のFAの内部の回路を調べる。FAの内部はいうまでもなく論理回路素子，AND,OR,NOTの組み合わせでできている。すなわち，論理回路素子を組み合わせて2進算術加算回路をつくる。FAにはa,b,dの3種類の入力に対して，組合せ合計8つの入力パターンがあり，それぞれに対応してS,Cの2つの出力が2進加算法則に対応してあらわれねばならない。その入力／出力の対応の状況を図7-3に示す。

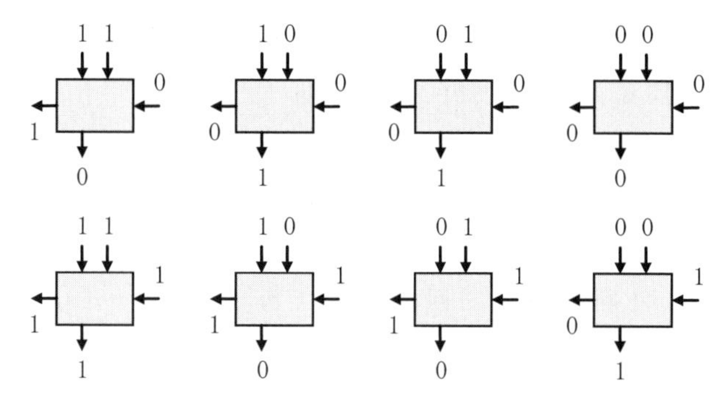

図7-3　1ビット加算回路の3入力a，b，dの組合せ8パターンとその出力S，C

表7-1　1ビット加算器の関数表

d	a	b	S	C
0	0	0	0	0
0	0	1	1	0
0	1	0	1	0
0	1	1	0	1
1	0	0	1	0
1	0	1	0	1
1	1	0	0	1
1	1	1	1	1

FAとしては，この8つの入力パターンに対して図7-3のような出力を間違いなく出せばよい。それがすなわち2進加算回路となる。回路の内部では何ら加算の意味を知る必要はない。単に図7-3の出力を出せばよい。この8つの組み合せの入力パターンとそのときの出力の状況を論理関数表にまとめると，表7-1となる。

この表が得られると，これを下に示す論理式に展開し，さらに論理演算を操って式を簡単化し，回路図にすることができる（6.3節でこれらの方法を説明した)。$\oplus$ はXOR を表す。

$$S = \dot{d}\dot{a}b + \dot{d}a\dot{b} + d\dot{a}\dot{b} + dab \qquad (7.1)$$

$$= \dot{d}(\dot{a}b + a\dot{b}) + d(\dot{a}\dot{b} + ab)$$

$$= \dot{d}(a \oplus b) + d(\overline{a \oplus b})$$

$$= d \oplus (a \oplus b) \qquad (7.2)$$

$$C = \dot{d}ab + d\dot{a}b + da\dot{b} + dab \qquad (7.3)$$

$$= \dot{d}ab + d\dot{a}b + da\dot{b} + dab + \underbrace{dab + dab}_{\text{ダミー}}$$

$$= (\dot{d} + d)ab + (\dot{a} + a)db + (\dot{b} + b)da$$

$$= ab + db + da = ab + d(a + b) = ab + d(a + b)\overline{ab} \qquad (7.4)$$

$$= ab + d(a \oplus b) \qquad (7.5)$$

ダミーは，項目dab が1回あるところを3回に増やしている。数理でなく，論理式なので，1回あれば，3回でも同じである。(7.1)（7.4） 式を回路図にすると図7-4になる。

【問7】 上式（7.2）（7.3）（7.4）（7.5）で使っている論理関係式を示せ。

【問8】 図7-4の2個のOR ゲートの各入力信号線に論理記号を記入せよ。

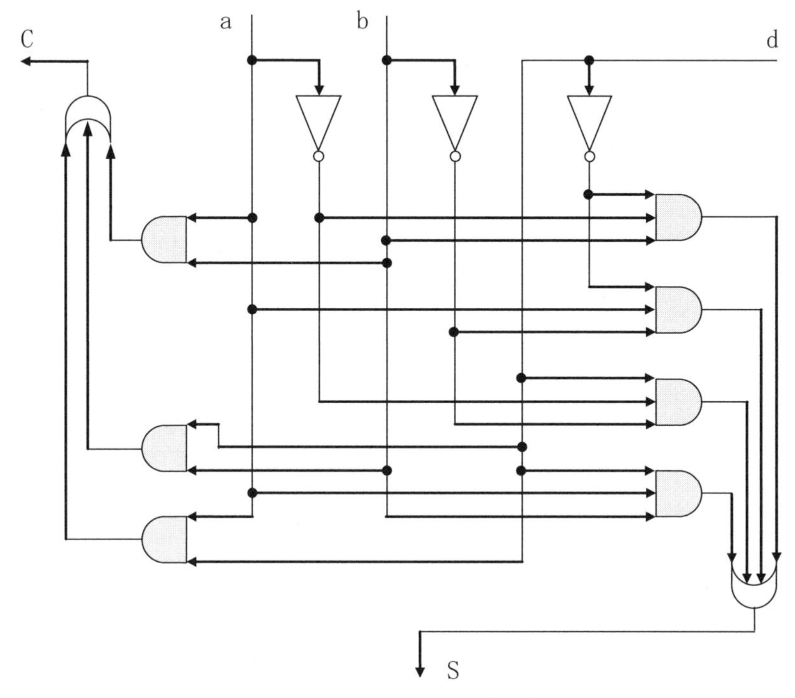

図７－４　１ビットFA回路の内部

図７－４は（7.1）（7.4）式を素直に回路図にしたものである。これとは別に（7.2）（7.5）式を回路図にすると，同じFAでも違う方法すなわち図７－５のように実現できることが分かる。図７－５の方が一見簡単であるが，XOR回路の中身を展開すると図７－４に同程度になる。図７－６は，図７－５のXORを変形したものである。

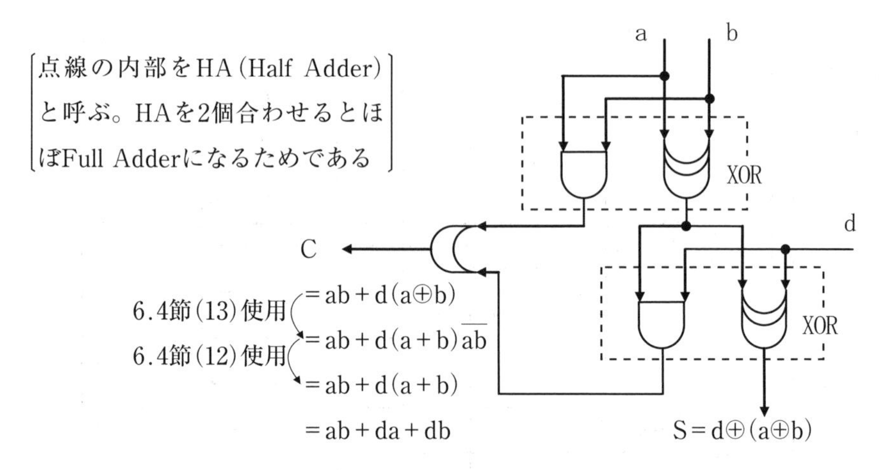

図7-5　XOR回路2段を利用したFAの実現

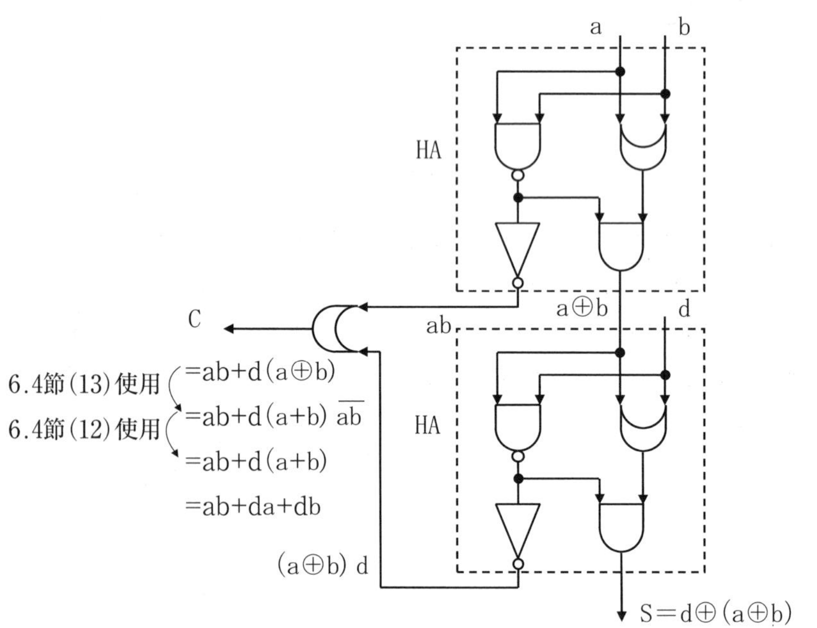

図7-6　ORからabを除外する形でXORと等価な回路を使ったHA-2段FA

8章　負の2進数：2の補数表現

8.1　2進減算回路

2進加算回路は以上のようにして実現できるが，コンピュータの命令には当然ながら減算も必要である。またこれまでは説明を省いてきたが，加算においてもデータが負の場合も当然ありうる。この両者は実は同じ問題を両側から眺めていることになるが，いずれにしても次にこの問題を解決する必要がある。

結論的には，CPUのハードウェアとしては，加算回路だけを用意しており，減算回路を別に保有している例はない。しかし命令としては減算（SUB-TRACT）命令は存在する。実は加算回路をうまく活用すれば，減算を行うことが可能なのである。その種明かしをすると，2進数の負の表現方法に行き着く。

つまり「2の補数」方式と呼ばれる巧妙な方法で負の2進数を表現することによって，減算を加算回路を使って実現できる。次節において2の補数方式の説明を行う。次節に入る前に簡単に補数の説明を行う。

補数とは　（10の補数）

10進数において，3の補数は7，27の補数は73，619の補数は381である。つまり補数同士を足すと10,100,1000 などになる。A君は減算で単純には引けないとき上の桁から1を借りる理屈が分からない。しかし彼はなぜか補数を暗記しており補数はいつでも捻出できる。そうすると，彼は上の桁から1を借りることなく，減算を簡単にやってのけられる。すなわち：137－69＝137－(100－31)＝137－100＋31＝37＋31＝68（69の補数が31であることを利用している）である。つまり補数を知っていると引き算は10,100,1000 などのキリのよい数を引くことだけで，後は足し算で済ませられる。コンピュータでもA君と同じような工夫で，加算回路を使って減算を行っている。

2の補数とは （2's Complement）

2進数において，011の補数は101，1001の補数は0111である。補数同士を足すと1000（$=8_d$），10000（$=16_d$）などになる。10進数での補数と区別するため，これを2の補数と呼ぶ。これに対して011に対する100，1001に対する0110は2の補数よりも1少ない2進数である。これを便宜上1の補数と呼んでいる。2進数においては，1の補数は各ビットごとに1と0とを逆転させればできる。それに最下位ビットに1を足せば2の補数を得る。

8.2 2の補数方式の具体例

2進数で負値を表現する方法で実用されているのは2の補数方式だけである。2の補数方式では一番左側の1ビット（MSB；Most Significant Bit）の意味が負符号と2^nの重みづけを兼ねた特殊な扱い方になる。まず4ビット（$n=3$）（$b_3b_2b_1b_0$）の具体例を示す。$n=3$なのでMSBの重みは$-2^3=-8$である。

10進数値例：符号ビット＋正値＝左端ビット＋正ビット＝2の補数値

-8_d ： $-8_d + 0_d =$ $1000_b + 0000_b = 1000_b$，

-5_d ： $-8_d + 3_d =$ $1000_b + 0011_b = 1011_b$，

$+5_d$ ： $-0_d + 5_d =$ $0000_b + 0101_b = 0101_b$，

4ビットの例では，最上位ビットの“1”は，$+8_d$ではなく、-8_dの値となる。下位3ビットは通常の正の2進数である。最上位ビットに“0”があると，負符号も0とともに消えて，全体が正値になる。この性質のため，最上位ビットを符号ビットとも呼ぶが，単なる符号ではなく，2進べき乗の重みをも持っている。上記の例では，－5を表すとき，下位3ビットには，＋3すなわち5に対応する2の補数（＝3）が入る。このことがこの表現方式の名称の由来となっている。

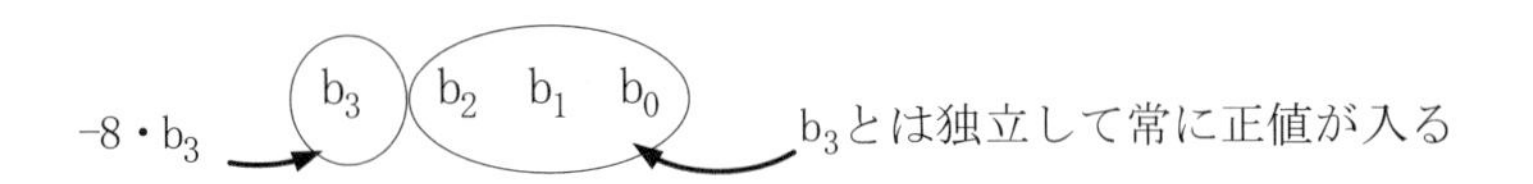

上記の4ビットの2の補数データは，10進数に対応した表現では以下となる。

$$- b_3 \cdot 2^3 + b_2 \cdot 2^2 + b_1 \cdot 2^1 + b_0 \cdot 2^0 \tag{8.1}$$

$$= - 8b_3 + 4b_2 + 2b_1 + b_0 \tag{8.2}$$

(8.1) 式の意味を理解するために，$b_3b_2b_1b_0$に種々のバイナリパターンを与え，(8.1) 式の値を図にする。$b_3b_2b_1b_0$の10進法上の値は図の矢印の先端位置を0原点から見た値（図8-1の点線）になる。点線の長さと実線矢印の長さとは補数関係となる。

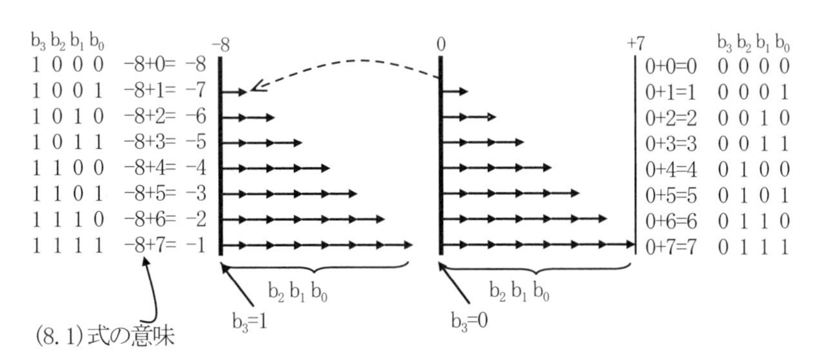

図8-1　2の補数表現の意味

(n+1)ビット長の「2の補数」表現と「10進，表現」との相違点を下記する。

1．基点：10進法では常に0が基点である。2の補数では-2^n（原理的には1つ）が基点だが，実質的にはb_n=または0によって基点-2^nと0との2ケ所になる。

2．正負：10進法では0を基点に，正は右へ進む。負は左へ進む。2の補数では正でも負でも基点から右へ進む。2の補数の1101は－8から右へ5進む。これは10進法のいい方では－3（0から左へ3）となる。

8.3　2の補数方式での加算

4ビットの2の補数データを具体例に取り上げ，2つの2の補数データ同士の加算を行う。加算回路はFAを4個つないだ普通の加算回路であり，最上位ビットも他の位置のビットと区別なしに同じ加算をする。

8.3.1　データ部分の加算

まず，2個の4ビットデータ$a_3a_2a_1a_0$，$b_3b_2b_1b_0$（$n=3$）を加算する場合を考える。前節の2の補数の表現から分かるように，符号を除いたデータ部分すなわち$a_2a_1a_0$と$b_2b_1b_0$の部分は符号の正負によらず，単純な2進絶対値データである。よってこれらは単純に2進加算して，結果$s_2s_1s_0$を出せばそれで答えとなる。ただし，両者の加算結果が8以上になると下3桁にはデータとして収まらない。このときはs_3へ向かって桁溢れキャリーc_2が発生する。その場合はs_3との兼ね合いでオーバーフローの扱いとなる場合があるので注意を要す。

$$
\begin{array}{rll}
 & a_3 & a_2a_1a_0 \\
+) & b_3 & b_2b_1b_0 \\
\hline
 & s_3 & s_2s_1s_0 \\
 & & c_2 = d_3
\end{array}
$$

8.3.2　符号部分の加算

加算回路（ハードウェア）自体は最上位桁が重みつき符号ビットであるとの認識はなく，単にデータビットの延長として扱う。しかし定義としては2の補数の符号部分はデータビットとは異なり-2^nが掛っている。-2^nが掛っているのにそうとは知らず$+2^n$が掛っていると思って加算すると当然結果は誤るが，場合によっては正解のこともある。どの場合に誤り，どの場合に正解となるのかを以下に記す。実際のCPUでは加算回路が正しく2の補数に対応しないことを承知の上で使用し，誤回答を出す場合には別の救済を行う。

（1）　$a_3=0$，$b_3=0$，$c_2=0$

正値＋正値で加算結果は8以下のケースである（$c_2=0$は3ビットのデータ

部分同士の加算結果が7かそれ以下の値に収まったことを意味する)。加算回路はs_3＝0を出力し，そのまま正しい答えとなる。

（2）　a_3＝0，b_3＝0，c_2＝1

正値＋正値で，加算結果が8以上のケースである（c_2＝1は3ビットのデータ部分同士の加算結果が8以上の値になったことを意味する)。よって正値でのオーバーフローが発生している。符号部加算回路は，c_2＝1，が入るためs_3＝1を出力する。そのままでは結果がマイナスであるかに見える。これは加算回路が，本来は区別して扱うべき符号ビットにデータ部分のオーバーフローを繰り入れたための誤りである。結果の判断を誤らないため，オーバーフローが発生したときは，別回路でOVFフラグをセットして，オーバーフローが発生したことと符号ビットを誤っていることをプログラムに知らせる。

（3）　a_3＝0，b_3＝1，c_2＝0　（a_3，b_3の符号は逆転していても同じである）

正値＋負値で，データ部分の加算結果は8以下のケースである。加算した2個のデータのうち片方の基点は－8であり，他方の基点は0である。よって加算結果の値の基点は－8となる（$s_3=a_3+b_3=0+1=1$すなわち：－8基点)。またデータ加算スパンが8以下ということは，－8から右方向へ出発した矢印の先頭が0に到達しないことを意味する。加算回路はs_3＝1を出力し，負値を示す。これはそのまま正しい答えとなる。

0011＋1010＝1101→10進では：(0＋3)＋(－8＋2)＝(－8＋5)＝－3：正答

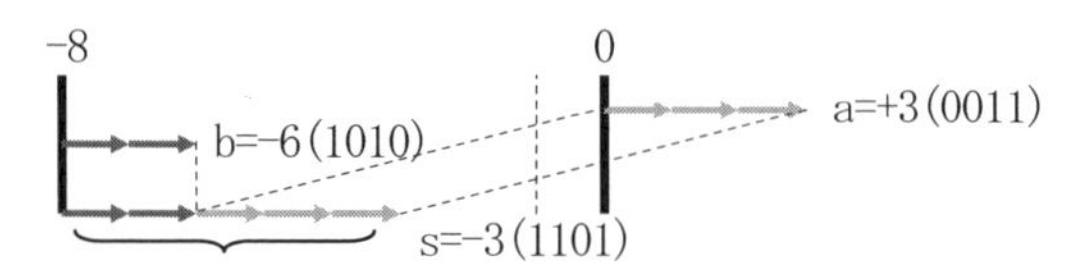

（4）　a_3＝0，b_3＝1，c_2＝1

正値＋負値を行い，データ部分の加算結果が8を超えた場合である。先の（3）と同じく加算結果の値の基点は－8になっている。しかしこの場合はデータ部分の加算結果が8を超えたため，－8から右方向へ進む矢印の合計の長さが0を超えてプラスの領域へ侵入する（次図のα)。

符号部加算回路はa_3＝0，b_3＝1，c_2＝1であるからs_3＝0（およびc_3＝1）を出力する。結果は正値を示す。これはデータ部分の加算で発生したキャリーc_2＝1が元のデータの基点の－8を打ち消したためである（打ち消したときc_3＝1が発生する。c_3＝1は無視してよい）。s_3＝0は正符号を示し，結果は正しい。

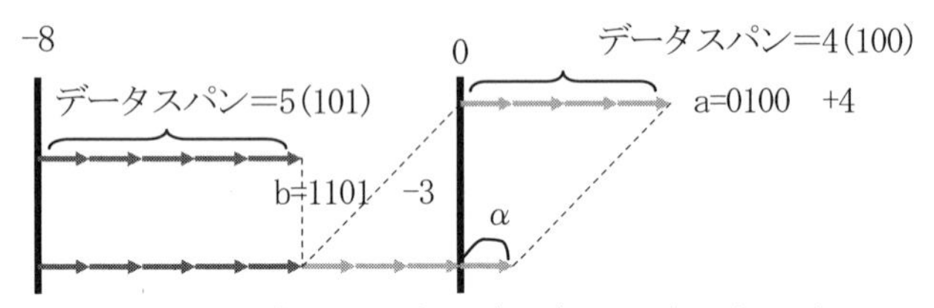

(0100＋1101＝0001→10進では：(0＋4)＋(－8＋5)＝(0＋1)＝1で正答)

（5）　a_3＝1，b_3＝1，c_2＝0

負値＋負値を行い，データ部分の加算スパンが8をこえない場合である。－8基点の値と－8基点の値とを加算しているから，結果の基点は－16となる。そこから出発して右方向へ進むデータスパンが8以下だから，加算結果値の矢印の先頭は－8よりも左側にとどまる。これは負のオーバーフローである。符号ビットの加算結果はs_3＝0となり，一見正符号を示すが，実はc_3＝1が同時に発生しており，もし，もう1ビット上の桁まであればs_4＝1すなわち－16を示すはずである。この場合は負のオーバーフローが発生したから別回路でOVFフラグをセットし，加算結果は無視すべきことをプログラムに知らせる。

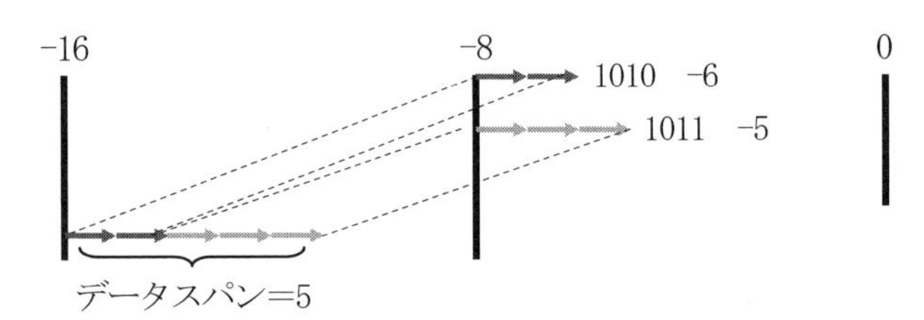

（1010＋1011＝0101→10進では：(－8＋2)＋(－8＋3)＝－16＋5＝－11→OVF
単純に0101を見るとこれは＋5であり，完全な誤答である）

（6）　a_3＝1，b_3＝1，c_2＝1

負値＋負値を行い，データ部分の加算結果スパンが8を超える場合である。

（5）と同じく結果値の基点は－16である。そこから出発して右方向へ進むデータスパンが8以上あるから，矢印の先頭は－8を踏み越して－8より右のエリアに入る。この場合は4ビットの2の補数表現範囲に収まるからオーバーフローではない。符号ビットの加算回路は$a_3=1$，$b_3=1$，$c_2=1$だから$s_3=1$，$c_3=1$を出力する。これはデータスパン＝8＋αの8により発生した$c_2=1$が，2個の－8のうちの片方を打ち消した結果－8が1個残った状況を示す。データ部分には－8から右へ踏み越したαが残り，いずれも正しい。

$$\begin{pmatrix} 1101 + 1100 = 1001 \rightarrow 10\text{進では}:(-8+5)+(-8+4)=(-16)+(9)=-7 \\ 1101 + 1100 = 1001 \rightarrow 2 \text{の補数のまま} 1001 \text{の意味をみると} (-8)+1=-7 \text{で正答} \end{pmatrix}$$

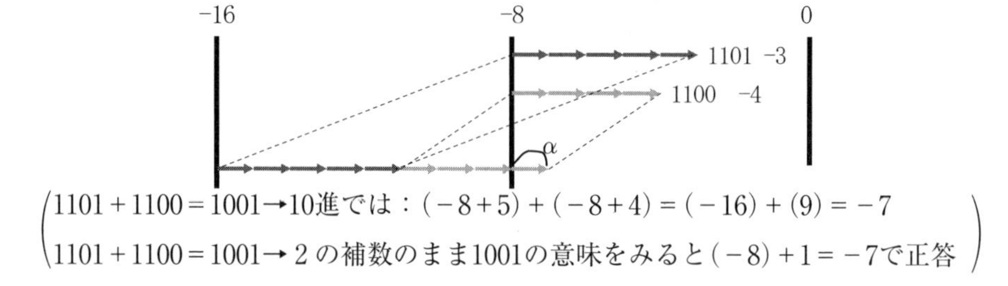

（7）　$a_3=1$，$b_3=0$，$c_2=0$

（8）　$a_3=1$，$b_3=0$，$c_2=1$

これらのケースは（3）（4）のケースとa_3，b_3の1,0が逆転しているだけで，加算結果の状況は同じである。

以上で2の補数データの加算の全ケースを分析した。結論としては，（2），（5）の2つのケースではオーバーフロー（OVF：Over Flow）および誤答が同時発生する。したがって演算回路に付属するOVF検知回路により，この2つのケース（すなわち$a_3=0$，$b_3=0$，$c_2=1$の場合と$a_3=1$，$b_3=1$，$c_2=0$の場合）を検知して結果の無効性を指示する必要がある。その他のケースでは，加算結果$s_3s_2s_1s_0$はそのまま正しい2の補数データを与えてくれる。4ビットの事例説明なので，OVF頻度が気になるが，実際は16ビット（or 32ビット）なので，OVF頻度は少ない。

8.4　2の補数方式での減算

普通CPUハードウェアは，減算専用の回路は持たない。なぜなら，減算は常に加算に置きかえて実施できるからである。即ちA－BをA＋（－B）の形に置きかえる。2の補数表現でデータを扱うならば，(8.1)(8.2)式に示すように，正と負とは統一的に1個の表現の中に収まっている。そして，それらの加算では，どちらが正であろうが，負であろうが，同じバイナリ加算回路で，データビットも符号ビットも同じように加算してやれば，2の補数データで正しい結果を得られることが前節で分かった（もちろんOVFについては別途検

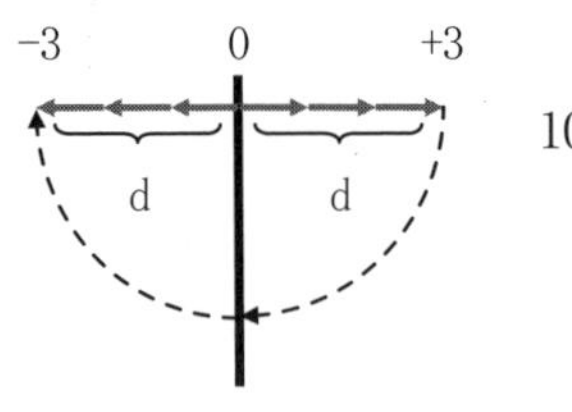

10進法の場合：

基点　　　　　：正も負も零で同一点

データスパンd：+3も－3も同じく3

符号　　　　　：+と－を逆にする

図8-2　10進数の符号反転

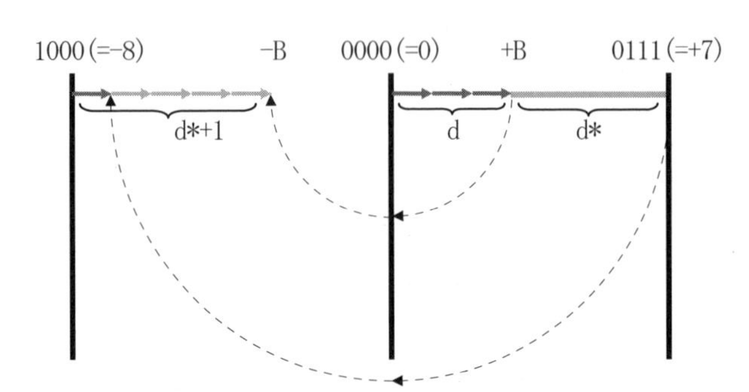

［+B(=0011=+3)のデータスパンをdで表し，dの1の補数をd*で表す。
1の補数はデータ部dの1,0,を逆転したもの，今の場合d=011なので
d*=100，d+d*=111で，図の右側の縦線の位置になる］

図8-3　2の補数方式でBから-Bをつくる

知して加算結果を無効にする必要がある)。

そうなれば，減算A－Bは加算A＋（－B）に置きかえて実施すればよい。そこで問題は，減算ではなく，Bから－Bをつくることに帰着する。

Bから－Bをつくるにはどうするか？もちろん2の補数データで－Bをつくる。10進法ではBから－Bをつくることは，10進法の表現方式からしてきわめて容易である。すなわち，図8－2のようにデータ部分をそのままにして符号だけを反転すればよい。例えば＋3を－3にすれば目的を達する。

これに対して2の補数表現法で，Bから－Bをつくることは，そう簡単ではない。具体例として，B＝0011（＝＋3）を考えてみる。

図8－3に示すように，2の補数方式においてBから－Bをつくる場合も，Bの所在位置を示す矢印の先端部を半円を描いて負の領域へ180度回転すれば，そこが－Bの位置であることは，10進の場合と同じである。違うところは，そこでの位置の表現方法である。10進では，負は零を起点として左へ進行するから，矢印は正の場合と同じスパンで向きが違うだけである。

これに対して2の補数方式においては，負の場合は矢印の基点が円の外側の－8にある。－8の位置は正領域でのd＋d＊＝7の位置のスパンより1長いため，－Bの位置を示す補数スパンは，d＊＋1となる。図8－3の太線部分（＋1）だけ長くなる。まとめると，B＝0011の符号含みの全ビットの1と0を反転して1の補数1100をつくり，それに＋1した1101が，2の補数方式での－Bとなる（－8＋5＝－3）。

【問9】 －Bを2の補数表現したときのデータスパンの長さがd＊でなく
d＊＋1となる理由を，図8－3を使って説明せよ。

念のためにBが負の値であるとき，Bから－Bを作る方法を調べる（実質は負から正になる)。具体例として，Bが1011（－8＋3＝－5）の場合を調べる（図8－4）。図8－4から分かるようにBの符号を逆転した－Bの位置は，0を中心に半円を描いてBと逆側へ移せばよい。

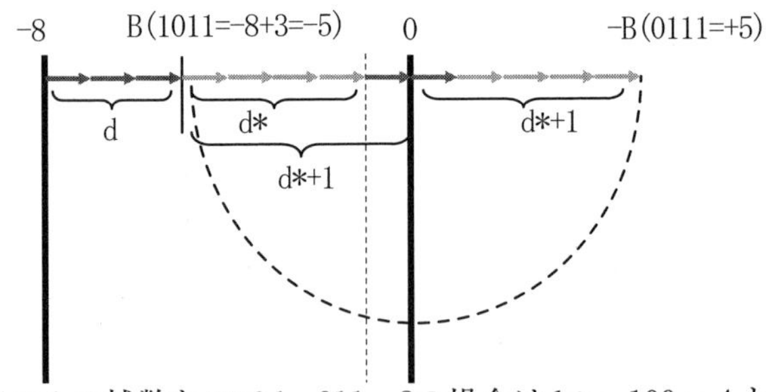

［d＊はdの1の補数なのでd＝011＝3の場合はd＊＝100＝4となる。
d＋d＊＝7なので，回転原点の0までに1を足す必要がある］

図8－4　Bが負(－5)の場合

問題はデータスパンの表現（図では矢印）が円の外側から表現するか，内側から表現するかが違う点である。この例においては，Bが負なので，矢印dが円の外側にあり，符号逆転した2の補数データ（正になる）の矢印が円の内側になる。そのデータスパン（矢の長さ）は，図8－4に示すように

$$d* + 1 \quad (d = 3_d = 011 \text{の1補数} = 100 + 1 = 101 = 5_d)$$

となる。これは8.1節の2の補数処理である。つまりBの正負にかかわらず，2の補数処理を行えば符号逆転する。ここで，dはもとのデータのデータスパンであり，d＊はdのビットパターンの0,1,を逆転した値である（1の補数)。

以上の検討結果をまとめると，2の補数データで，Bから－Bをつくる場合は，

●符号ビットを逆転する

●データビットを1,0反転してやり，それに＋1する

ということになる。符号ビットもデータビットも反転するのは同じなので両方をまとめて，B から-Bをつくるには，

●符号ビットも含めた全ビットの1,0を反転し，それに＋1する。

これは8.1節で説明した2の補数操作でもある（注：－8→＋8を行うとOVFが発生する。なぜなら4ビットデータでは＋7までしか表現できないから)。

全ビットを反転させる回路の実現は容易であり，＋1することは加算時に

キャリーイン（図７－２のd_0）を加えることで容易に実現できる。よって，減算命令：A－Bに対しては，上記の符号反転の方法を用いてBから－Bをつくり加算動作：A＋（－B）を実施する。すなわち加算器に入るB入力の全ビットを反転させ，キャリーインを加えて加算回路を通せば，S＝A－Bが得られる。

【問10】　図７－１を参照し，16ビット減算を行うためには，16ビットALUにどんな回路を付加すればよいか示せ。

8.5　OVF（オーバーフロー）検知方法

8.5.1　OVFの発生

コンピュータのデータは通常は１語の長さに収まっている。このデータに対して何らかの演算処理を行ったとき，その結果は常に１語に収まるとは限らない。収まらない場合をオーバーフロー（OVF）と呼ぶ。実用機では，OVFは滅多に起きないように１語の長さを配慮している。事務計算に使う場合は１語32ビットが多い。これは10進で約40億の値になる。物理的な値を制御する組込みマイコンでは１語16ビットで約64Kの値になり，おおよそカバーできる。それでもOVFが起こったときは，CPUはOVFを検知してフラグを立ててソフトウェアに知らせる。その後どう処理するかはプログラマの判断による。

8.5.2　OVFの検知

以下ではOVFの発生を検知する原理を２の補数表現の１語５ビット（n＝4）（$A_4A_3A_2A_1A_0$）の例で説明する（基点が０と$-2^4=-16$になる）。演算処理は加算がベースなので，まず加算の場合を取り上げる。加算する２つの１語５ビットのデータが両方とも正整数ならば，図８－５に示すように，下位４ビットの純データ部分同士の加算の結果，キャリーが発生して，最上位桁（５ビット目）にキャリー入力が入ろうとする。この場合は図８－５の例では，C_3の発生の有無を検知すればすなわちそれがOVFの検知となる。もしデータが負であれば，最上位桁には“１”があり，最上位桁は-2^4のウェイトと解釈される。

しかし加算回路は最上位桁は＋2^4のウェイトと思って演算するので，誤った結果を出す場合があることは8.3節で調べた通りである。この不都合を踏まえた上でOVFを検知せねばならない。加算ではOVFが発生する可能性があるのは，正＋正（正のOVF），負＋負（負のOVF）のときのみである。

【問11】 正＋負，負＋正，ではOVFは発生しない。その理由を説明せよ。

8.5.3 正＋正で正のOVF

$$
\begin{array}{rccccc}
 & 0 & A_3 & A_2 & A_1 & A_0 \\
+) & 0 & B_3 & B_2 & B_1 & B_0 \\
\hline
 & & S_3 & S_2 & S_1 & S_0 \\
 & \nwarrow & C_3 & & &
\end{array}
$$

図8－5 正＋正でのOVF

OVFに関係するのはC_3であるから，$C_3=0$と$C_3=1$の2つの場合を分析する。$C_3=0$ならば$S_4=0$である。絶対値4ビットに収まる2つの正データを加算して結果も4ビットに収まる場合である。S全体は2の補数データであり，$S_4=0$であるから正値である。何らOVFは発生していない。

$C_3=1$ならば$S_4=1$となる。絶対値4ビットに収まる2つの正データを加算して，結果が4ビットに収まらず5ビット目へ向かって4ビット目からキャリーC_3が発生し，その結果$S_4=1$となった。加算回路はS_4のウェイトは＋16と見なしているので結果は16＋（S_3 S_2 S_1 S_0）と表現しているつもりである。しかし2の補数データとして眺めると，これは－16＋（S_3 S_2 S_1 S_0）と解釈され2つの正値を加算して結果が負値になったかに見える。当然これは間違った答えとなる。また，加算結果データの大きさの視点からすると，1語5ビットの2の補数データとしては16＋（S_3 S_2 S_1 S_0）は表現可能範囲を超過している値であり，これはOVFである（－16～＋15が表現可能範囲である）。よって正＋正のOVFの検知は$C_3=1$によりOVF検知できる。

結論として正＋正のOVFの検知論理式は　正OVF＝$\dot{A}_4 \cdot \dot{B}_4 \cdot C_3$となる。
これを16ビットデータに置きかえると　正OVF＝$\dot{A}_f \cdot \dot{B}_f \cdot C_e$となる。

8.5.4 負＋負で負のOVF

$$
\begin{array}{rccccc}
 & 1 & A_3 & A_2 & A_1 & A_0 \\
+) & 1 & B_3 & B_2 & B_1 & B_0 \\
\hline
 & & S_3 & S_2 & S_1 & S_0 \\
 & C_4 & C_3 & & &
\end{array}
$$

図8－6　負＋負での負のOVF

$$
\begin{array}{rccccc}
 & -16 & A_3 & A_2 & A_1 & A_0 \\
+) & -16 & B_3 & B_2 & B_1 & B_0 \\
\hline
 & & S_3 & S_2 & S_1 & S_0 \\
 & C_4=1 & C_3=1 & & &
\end{array}
$$

$$= -32 + 16 + S_3 \; S_2 \; S_1 \; S_0$$
$$= -16 + S_3 \; S_2 \; S_1 \; S_0$$

図8－7　C_3＝1の例

負＋負で負のOVFが発生するかどうか，それはこの例では下位4ビット同士の加算結果に依存する。その加算結果の大小を示す指標はC_3であるから，C_3＝0とC_3＝1の2つの場合を分析する。

加算回路は負データの認識なく加算処理するので，C_3＝1ならばS_4＝1，C_4＝1となる。2の補数データでの解釈は，2つの負データを加算してデータ絶対値部分（正）の加算結果が4ビットに収まらず5ビット目へ向かってキャリーC_3が発生し，符号ビット同士の加算としては，(－16)＋(－16)＝－32となる。

図8－7のようにC_3はデータ部分からのキャリーで＋16の意味，C_4は-2^n部分からのキャリーで$-2^{n+1}=-32$の意味を持つ。両方のキャリーを数値表現すると，－32＋16＋（$S_3S_2S_1S_0$）＝－16＋（$S_3S_2S_1S_0$）となる。これは2の補数形の5ビットデータの表現可能範囲－16～＋15に収まり，正しい加算結果を示している。

次に，C_3＝0ならばS_4＝0（C_4＝1）となる。2つの負データを加算してデータ絶対値部分の加算結果が4ビットに収まっている（図8－8）。

加算回路はS_4のウェイトを＋16と見なしているので，2つの正データを加算

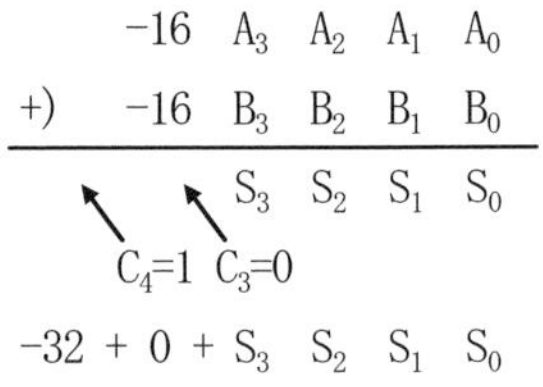

$$
\begin{array}{rrrrrr}
 & -16 & A_3 & A_2 & A_1 & A_0 \\
+) & -16 & B_3 & B_2 & B_1 & B_0 \\
\hline
 & & S_3 & S_2 & S_1 & S_0 \\
\end{array}
$$

$C_4=1$　$C_3=0$

$-32 + 0 + S_3 \quad S_2 \quad S_1 \quad S_0$

図8－8　$C_3=0$の例

し，結果は$32+0+(S_3\quad S_2\quad S_1\quad S_0)$と表現しているつもりである。（32に$C_4$，0に$C_3$の矢印）

しかし2の補数データの意味としてはC_4は-2^n部分からのキャリーで$-2^{n+1}=-32$との意味を持つ。

$0 \leqq (S_3\quad S_2\quad S_1\quad S_0) < 16$だから加算結果が示す数値範囲は$-32+0+(S_3S_2S_1S_0)=-32+(S_3S_2S_1S_0)$となる。この値は$-32$～$-17$となり負のOVFの発生となる。$C_4=1$は$-32$を意味するが最上位から左へ出るキャリーは加算結果へ直接は反映しないから表面的には$S_4=0$で正値と見なされる。このままでは誤答となる。結論として負＋負のOVFの検知は$C_3=0$によって検知できる。結果値$S_4S_3S_2S_1S_0$は誤答である。負＋負→負OVFの検知の論理式は　負$OVF=A_4\cdot B_4\cdot \dot{C}_3$　となる。
これを16ビットデータに置きかえると　負$OVF=A_f\cdot B_f\cdot \dot{C}_e$　となる。

OVF発生と誤答（誤符号）とは常に同時発生することが分かった。よって誤答はOVFを検知すれば防げる。OVFを検知した結果はフラグ（10.2節に後述）でプログラムに通知され，どう処置するかはプログラム一任となる。

9章　ノイマン型アーキテクチャ

前章まででコンピュータにおける情報・数値の表現方法／演算方法の仕組み，およびCPUを構成する各素子や各ブロックの機能を説明した。第９章以降ではコンピュータCPUの全体的な構成とその全体的・総合的な動作メカニズムを説明する。まず，コンピュータアーキテクチャの源流であり，現在も主流であるノイマン型アーキテクチャについて，その構成と動作メカニズムを具体的なモデル SEP-E とその状態遷移図を使って説明する。その後で，ノイマン型アーキテクチャのネックと，それを克服しようとして試みられたいくつかのアーキテクチャについて触れる。

9.1　コンピュータの黎明期とノイマン型アーキテクチャの誕生

コンピュータは戦争の厳しい状況下で生み出された。第二次世界大戦の中期から末期（1943～1946）にかけて，英国ではナチスドイツの軍事暗号を解読するため（暗号鍵の探索のため），コロッサスと名付けられた専用計算機が開発された。トミー・フラワーズが主任技師で，アラン・チューリングもメンバーの１人に加わっている。電子スイッチとして，真空管1500本を使った。

同じ頃米国では陸軍弾道研究所がペンシルヴァニア大学に委託して，弾道計算用のENIAC（Electronic Numerical Integrator and Computer）を開発した。電子スイッチとして真空管約17000本を使い，総重量約27トンであった。ENIACは，配線ボードに多数のジャンパー配線を差し込んでプログラムを設定し，パンチカードでデータを与えた。プログラムの変更をするのに約１週間を要し，これが運用上の問題であった。そこでENIACを開発していたエッカートとモークリーは，後継機として，プログラムとデータを計算機内部のメモリに記憶させる方式を考え出した。この議論に途中から参加した数学者ノイマンが，単独名でそのアイデアを外部報告書へ記載してしまった（1945）ため，この画期的な進歩に対して「ノイマン型アーキテクチャ」の名称がつけられてしまった。このアイデアを入れた後継機はEDVAC（Electronic Discrete Variable Automatic Computer）と名付けられた。ENIACの10進方式からEDVACは2進方式になり，真空管は6000本に減っている。ノイマンが単独名で報告書を出してしまったことに不満を持ったエッカートとモークリーはEDVACプロジェクトから脱退し，そのためEDVAC完成は1951年までずれ込んだ，といわれている。その間に，ノイマン報告書を見た英国ではケンブリッジ大学のウィルクスがEDSAC（Electronic Delay Storage Automatic Computer）を一足早く1949年に完成させた。またEDSACは，EDVACに残っていた僅かな歪み，すなわちデータとプログラムを区別する1ビットをなくした。歴史の裏側を見ると，戦争の影あり，名誉棄損あり，紆余曲折があって，何をもって現代のコンピュータの元祖とするのか難しい。ノイマン型アーキテクチャの視点からすれば，発明者はエッカートとモークリー，モデル機種となったのはEDVAC，世の中に最初に姿をあらわしたの機種はEDSACということになろう。

なお，コンピュータアーキテクチャという場合のアーキテクチャとは，具体的に何を指すのか？　現在は次のように定義されている。

コンピュータアーキテクチャの範囲は，「機械語プログラム（またはアセンブリ言語プログラム）を作成するプログラマが，正確で効率よいプログラムを作成するために，知っておらねばならないCPUの構造」の範囲とされている。機械語命令のフォーマットや，各命令語の機能，汎用レジスタの個数，スタックポインタの機能，1語のどちらからビット順番を呼ぶか，PSW（Program Status Words）のビット定義などがこれに含まれる。

9.2　ノイマン型アーキテクチャとは

ノイマン型アーキテクチャの要件は，次の3項目である。

1．命令語とデータ語は同じ語形式（同じビット長）をしている

2．（実行ステージにある）命令語とデータ語は同じ主メモリに格納されている

3．命令の実行は，1語ずつ逐次的に行う

ノイマン型アーキテクチャCPUの実行の状況を図9－1に示す。

図9－1は，あるプログラムが実行状態へ入り，その中で番地50から命令1が取り出された状態を示す。主メモリにはこのプログラムで実行される命令語とデータ語がセットになって一緒にロード（搭載）されている。命令語もデータ語も同じ1語の形であるから，主メモリのどの番地に配置されても困らない。

普通は図のデータF1などのように命令語が格納される番地から，少し離れてデータ語がまとまって格納される。しかし場合によってはデータI3のように命令3にくっついて格納される例もある（＝即値）（この場合命令4は番地54に格納される）。このようにプログラムテクニック上必要とあればデータの位置を命令語の途中に挟むことも可能である。

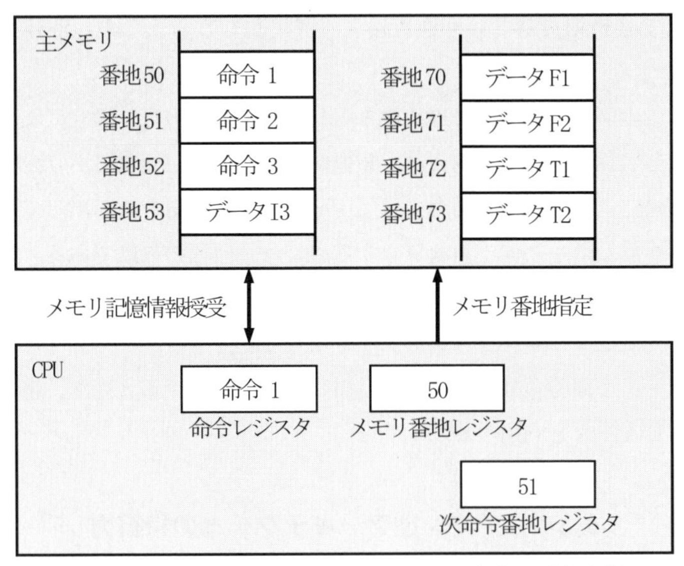

図9－1　ノイマン型アーキテクチャでの命令の逐次実行

CPUはまず命令1を実行する。このとき次の命令2のことは何ら関知しない。実行は命令1のみに集中する。ただし，次の命令の所在番地（＝番地51）だけは用意する仕組みになっている。命令1の実行が終了すると，「次命令番地レジスタ」の内容51がメモリ番地レジスタに移され，命令2を読み出し，その実行に移る。そのとき，「次命令番地レジスタ」の内容は52にカウントアップされる。このように順次1個ずつ次の命令を実行していく。

エッカート／モークリーが考えたこの進め方は，もっとも地味で着実な進み方である。この積み重ねによって実はどんな計算でもどんな処理でもやれる。だからもっともフレキシブルなやり方でもある。

例えば，図9-1では命令1が扱う対象データをデータF1，データT1として書いてあるが，実はデータF1は他のプログラム（今は走行していない別のプログラム）の1個の命令語（＝命令A）であっても構わない。そして命令1がもしMOVE命令であったなら，命令AはT1の番地へMOVE（移動）させられることになる。このようなことは命令語とデータ語とが同じ形で同じ主メモリのどこにでも格納可能という性質によって実現しうる。このおかげで現在のOSが機能する。

しかしこのノイマン方式の逐次繰り返し方式のやり方は，場合によっては，まどろこしい場合もある。例えば，類似同質のデータが大量にあり，同じ演算を大量に繰り返し実行する場合には，1語ずつ同じ命令を読み出してその演算の指示を解読し，1語同士の演算をするのでは，時間の無駄である。例えば，現在の気象データ（大量のメッシュポイントの観測データなど）から1時間後の変化を予測シミュレーション計算する場合などである。そのようなときには多数のデータを同時並列に読み出し，同時並列に実行するような，超並列スーパーコンピュータを利用する。

9.3　ノイマン型アーキテクチャの持続力

しかし，現実の世界では，ハードウェアの性能の絶え間ない向上がこのような不便をどんどん隠蔽するおかげで，ノイマン型アーキテクチャの牙城はゆるがない。ハードウェア性能の進歩については，インテル社の創業者でもあるムーアが，1965年に「半導体ワンチップ上のトランジスタの個数は，18か月ごとに２倍になる」との予測をした（いわゆるムーアの法則)。言いかえると36か月＝３年ごとに４倍になる。搭載数が４倍になることは，チップ１辺の寸法換算すれば２倍の密度になる。すなわちトランジスタの寸法は半減する。動作速度は寸法に反比例するので，トランジスタの動作速度は２倍になる。すなわち，ムーアの法則を速度に言いかえれば，「半導体の動作速度は３年ごとに２倍になる」。この予測は，ほぼ当たっていることが，およそ1965〜2005の40年間程度にわたって観測されている（その後はこの議論自体があまり活発になされていない)。もし39年間（1965〜2004）にわたってムーアの法則がほぼ維持されるなら，その間に性能はほぼ8000倍になる。これだけの絶え間ない長足の進歩は，機械的な工業製品では見当たらない。この驚異的な進歩が，他の並列アーキテクチャなどの技術的な優位性を目立たないものにし，ノイマン型アーキテクチャを維持する効果をもたらしている。

ノイマン型アーキテクチャを持続せしめる，もう１つ別の要因がある。ノイマン型アーキテクチャの代表機種は，IBM社の汎用大中型計算機360シリーズ，370シリーズ，および8086系パソコン（現在はレノボ社へ売却されている）などである。これらのコンピュータの後継機は，現在も企業の在庫管理の中枢機種として，あるいは個人用事務機として，それぞれに膨大な応用ソフトウェア（いわゆるアプリ）が積み上がっている。それらは，ユーザにとっても膨大なソフトウェア資産となっている。その資産価値の重さが，別のアーキテクチャへ移行することをためらわせている（互換性問題)。次章から，ノイマン型アーキテクチャの１つの具体事例を取り上げて詳細に説明する。先に述べたようにノイマン方式には，まどろこしい面があり，これを解消しようとして，多くの別のアーキテクチャが提案され，立ち消えた。それらの説明は，まずノイマン方式を詳細に説明した後にする。また，アーキテクチャ詳細を説明するには，具体的に細部まで定義されたモデルがいる。そのモデルにSEP-Eを使う。

10章　コンピュータアーキテクチャの具体例

10.1　アーキテクチャの具体例：SEP-E

10.1.1　SEP-Eとは

SEP-EとはSimple Educational Processor (Embedded version)の略称である。1970～1980年代のミニコンの名機PDP-11（米国DEC社）のアーキテクチャを土台にし，多くの国産CPUの設計経験を加味して，教育用に設計したコンピュータアーキテクチャである。特徴は非常に簡明な動き方（状態遷移）をする点にある。他の市販機種をモデルとして使わない理由は，状態遷移が複雑なこと，状態遷移図が開示されていないことのためである。

10.1.2　SEP-E実装のハードウェア環境（例）

SEP-Eを具体的に説明する上で，まず現在SEP-Eを搭載しているハードウェア環境（例）を簡単に述べる。SEP-EはFPGAボードと呼ばれるマイクロプロセッサ試作キットに搭載されている。SEP-Eを１つの小さなコンピュータとして実際に動作させるためにはSEP-Eを搭載するための最小限のハードウェア（CPU搭載用LSI，メモリチップ，スイッチ，ランプなど）が必要である。FPGAボードはこれらハードウェアを１枚のボード上に組み上げて，LSI試作前の検証用開発ツールに仕上げたものである。FPGAボードの１つの具体例の中心部概略を図10-１に示す（FPGAボード例：PowerMEDUSA MU200-EC6CKとその後継機MU500-RXSET01)。

図10-１のCPU 搭載LSIは通常のLSIとは異なり，外部から特殊な経路により論理構造を自由に指定（変更も）することができる。このようなLSIをFPGA (Field Programable Gate Array）と呼ぶ。動作速度は通常のLSIよりも少し遅い。SEP-EのCPUおよび周辺機能はVHDLなどのハードウェア記述言語を

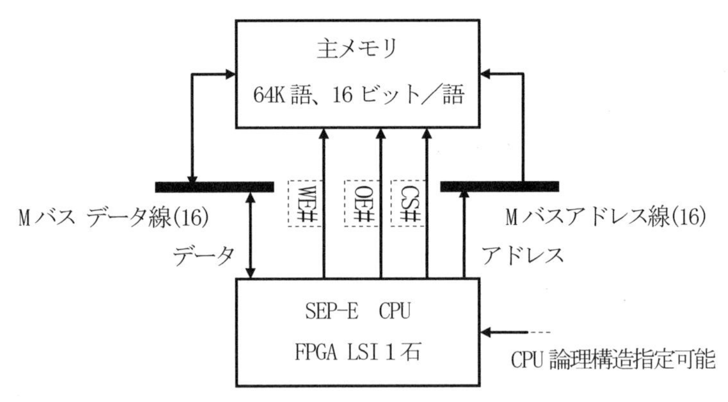

図10-1　FPGAボード中心部の概略

使って市販FPGAボード上に実装できる（実装のガイダンスについては，付録Ⅱを参照）。

10.1.3　SEP-Eシミュレータ搭載のソフトウェア環境

SEP-EのCPU/主メモリのシミュレータは，WindowsPC上に搭載できる。http://www.rts.soft.iwate-pu.ac.jp/rts_hp/comp_archi/から自由にインターネット経由でダウンロードできる。ただし，PCには，Java実行環境が必要である。このシミュレータは，単にアセンブリ言語レベルでのCPU動作シミュレータではなく，クロックレベルまで時間解像度を上げ，かつ，CPU内のレジスタやバスやデータ伝送ゲートまで構造解像度を上げたものである。よってパソコン画面上でクロックステップもしくは命令ステップごとに，命令処理動作のCPU内部での進行を関連レジスタやバスで視認できる。

10.1.4　主メモリ

主メモリは全64K語（アドレスは10進で0～65535番地，16進で0000～FFFF番地）（K＝1024），1語＝16ビットの構成である。これを図10-2に示す。素子はSRAM（Static RAM）であり，その動作は以下のように簡明である[1]。

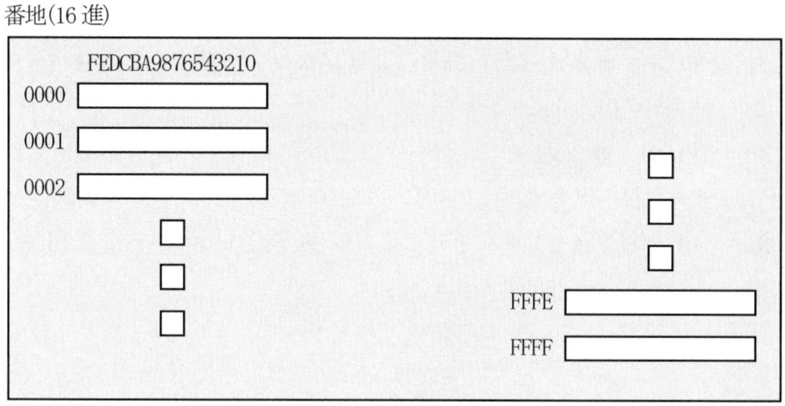

図10-2　主メモリの構成

■SRAMメモリ読み出し動作

（1）CPUが，読み出したい番地（2進16ビット）を用意し，Mバスアドレス線へ出力する

（2）CPUから主メモリへ読み出し要求信号CS#（Chip Select），OE#（Output Enable）を出力する

（3）一定時間後（≒15ns）主メモリからMバスデータ線上にメモリ内容（16ビット）が出力される。CPUはそれを読み込み，CS#,OE#を取り下げる

（1）（2）の両者はほぼ同時に出力しても構わないが，必ず（1）が（2）より少しでも（≧0）先行している必要がある。CPUから出力される信号は全てクロックパルスに同期して発せられるが，主メモリ自身の動作はクロックパルスとは無関係で，CS#，OE#，信号を受けるとそれを起動合図として動作する（FPGAボードに実装した場合には，FPGAの都合により，メモリが同期して動く）。

1　実際のパソコンやWSでは，SRAMではなくDRAMを使う。経済的に有利なためである。DRAMではリフレッシュ動作と呼ばれる特殊な不動作タイムが周期的に割り込むため，動作完了の確認としてACK同期を必要とする。またFPGAボードではデュアルポートメモリになっているため，これもACK同期を必要とするが，SEP-Eではデュアルポートの同時使用は避けることとする。この結果SEP-Eのメモリ動作はACK同期を必要としない

■SRAMメモリ書き込み動作

（1） CPUが，書き込みたい番地（2進16ビット）を用意し，Mバスアドレス線へ出力する

（2） CPUが，書き込みたいデータ（2進16ビット）を用意し，Mバスデータ線へ出力する

（3） CPUから主メモリへ書き込み要求信号CS#,WE#（Write Enable）を出力する（両方出すと書き込み）

（4） 一定時間（≒20ns）以上経過したところでCS#,WE#を取り下げる

（1）は，（3）と同時かまたは先行している必要がある。（4）より先に（1）（2）を取り下げてはならない。

あるメモリ番地を読み出すと，その番地に記憶されていたデータが読み出されてくるが，その番地自身の記憶内容は何ら変化せず，そのまま記憶内容を保持し続ける（＝非破壊読み出し）。あるメモリ番地に書き込み動作を行うと，その番地に記憶されていたデータに置きかわって新しいデータが記憶される。

なお，読み出し／書き込みいずれの場合も指定されている番地以外の番地の記憶内容は何らの影響を受けずに保持される。ただし電源を切った場合にはSRAMの記憶内容は保証されない。

DRAM（普通のパソコンやワークステーションの主メモリ）の場合は，電源がONである期間中にもある一定の周期でデッドタイム（外部に対して反応しなくなる時間帯：リフレッシュタイム）が発生する。CPU側からすると，そのデッドタイムがいつ発生するかは分からない。したがってCS#，OE#，信号を送り出しても所定の時間内に読み出し結果が得られないことが起こる（読み出し結果が得られたか否かを示すレスポンス信号ACKが必要になる）。

SEP-E（FPGAボード）の主メモリはDRAMではなくSRAMであるから，デッドタイムはない。したがって常にCS#，OE#，信号を送り出してから一定時間（例15ns，現在のSRAMははるかに早い）で読み出し結果を得られる。

10.2　SEP-E アーキテクチャの全体像

1．語長とビットアサイン：1語＝16ビット，Little Endian[2]（降順アサイン）

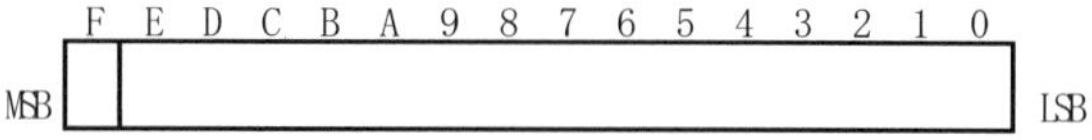

F E D C B A 9 8 7 6 5 4 3 2 1 0

MSB ［ | ］ LSB

2．メモリ番地範囲：0000～$FFFF_h$番地，ただしFF00～FFFFはメモリマップドIOに使用する。メモリ保護機構，リロケーション変換，バイトアドレスなどはなし

3．データ形式

3.1　数値データ：2進固定長のみとする。符号表現は2の補数方式

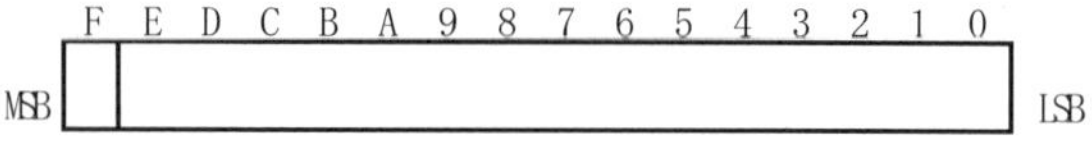

F E D C B A 9 8 7 6 5 4 3 2 1 0

MSB ［ | ］ LSB

3.2　論理データ：16ビットパターンデータ，全角／半角文字データ，
文字データは1字が下位8ビットに入り上位空白のアンパック形式

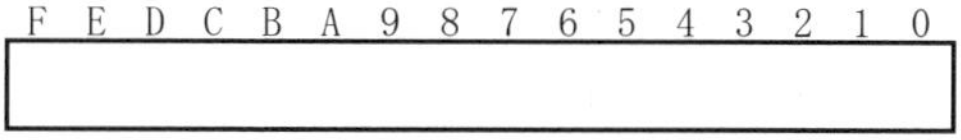

F E D C B A 9 8 7 6 5 4 3 2 1 0

4．命令形式：下記の2オペランド形式1種類のみとする

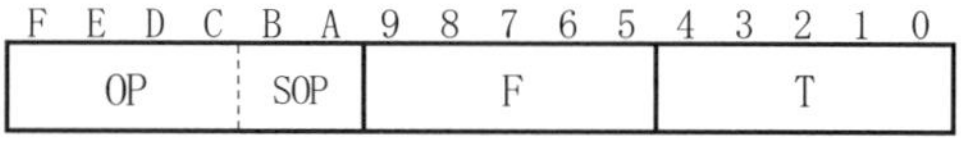

F E D C	B A	9 8 7 6 5	4 3 2 1 0
OP	SOP	F	T

OP：Operation Code, SOP：Sub-operation Code,

F：From Operand（Source Operand）Code,

T：To Operand（Destination Operand）Code.

5．命令定義：後述

6．汎用レジスタ：16ビット×8個[3]　R0, R1, R2, R3, R4, R5, R6, R7

R5は常にPSW（次頁）として使う

R6は常にスタックポインタ（SP：スタック番地指示器）として使う

2　1語内のビット位置の呼び方で，最右側（最下位側）を0とする呼び方

R7は常にプログラムカウンタ（PC；次命令番地指示器）として使う

PSW，SP，PCを別に置かず，汎用レジスタが兼任する点がPDP-11/SEP-Eの特長である。

7．PSWの定義[4]：

	F	E	D	C	B	A	9	8	7	6	5	4	3	2	1	0
(Program Status Words)													N	Z	V	C

N：Negative	演算結果が	正値のとき	N＝0	負値のとき	N＝1
Z：Zero	〃	非零のとき	Z＝0	零のとき	Z＝1
V：Overflow	〃	1語長を溢れたとき			V＝1
C：Carry	〃	語の端ビットからCarryが出たとき			C＝1

8．割込み方式　：優先度レベル；16レベル

割込み要因例

（1）外部信号（外部パソコンやセンサからの信号）

（2）割込み要求スイッチ（FPGAボード上に定義）

（3）SVC命令（＝TRAP命令）

図7-1を再掲し，アーキテクチャに直結する部分とそうでない部分を示す[5]。

3　初期のCPUによく見られたACC(Accumulator)はなく，汎用レジスタR0～R4がその役を果たす。R5,R6,R7も演算対象に使うことは可能であるが，別に特定機能を持つので，要注意

4　PSWは演算系／データ移動系の命令（表10-2の最右欄に＊印がある命令）実行時にフラグセットされる

5　CS#などの#記号は、負極性有意を意味する。すなわち　0v が“1”信号（有意信号）となる。回路出力特性上から0v信号の方が，多少信号変化が早く，ノイズ抑制能力が高いので，重要なタイミング信号はこのように逆極性で使うことが多い

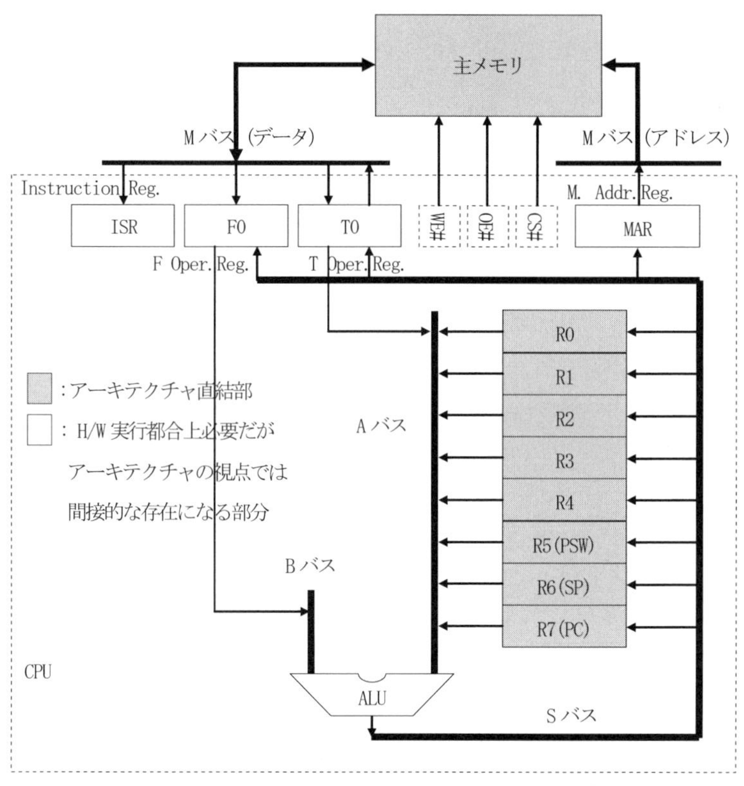

図7-1（再掲） SEP-E CPUの骨格図

10.3 命令の概略

SEP-Eの全命令一覧表を表10-2(110P)に示す。この一覧表の見方を説明するため，6個の命令をサンプルとして抜粋し，同じ形式の表として表10-1に示して解説する。表10-1と，次章のオペランド指定方法が分かれば，残りの各個別の命令の動作内容は一覧表から理解できる。そのため，このテキストでは，文章による全ての命令についての個々の動作解説は省略する。

表10-１　SEP-E　命令一覧表の見方（６個の命令をサンプルとして）

OP SOP	F　　T	ニモニック	動作概要	N Z V C
0101 00	mmrrr　mmrrr	**ADD** , F : T	Add,　T+F→T	＊＊＊＊
1000 00	mmrrr　mmrrr	**AND** , F : T	Logical AND, Bit by bit F ∩ T→T	＊＊0 -
1000 01	mmrrr　mmrrr	**BIT** , F : T	Logical AND, Bit by bit F ∩ T→PSW	＊＊0 -
1110 00	mmrrr　11110	**CALL**, F : IP6	Call,R7→(R6), F→R7	- - - -
0110 01	mmrrr　mmrrr	**CMP** , F : T	Compare,　T-F→PSW	＊＊＊＊
0010 10	00---　mmrrr	**DEC** ,D- : T	Decrement,　T-1→T	＊＊＊＊

N:Negative, Z:Zero, V:Overflow, C:Carry

表10-１の注：

1．表はニモニック命令コードのアルファベット順に並んでいる。命令32個全体の表は表10-２に示す
2．--記号は無視（Don't care）の意味である。ただしNZVC部分の -- 記号はPSWフラグの変化が起こらないことを示す
3．F:T 部分のmmrrr 記号は，「モード２ビットmmと，レジスタ指定３ビットrrrを自由に選択して命令を組み立てることができる」の意味である
4．F:T部分に11110 のように具体的なモード２ビットとレジスタ指定３ビットが記入されている場合は，「Tオペランド指定は 11110 を強制的に使わねばならぬ」ことを意味している。従わない場合は，何らかの誤動作となる。あるいはアセンブラで不正命令としてチェックされる場合もありうる
5．NZVC部分の＊＊記号は，命令実行時に対応するフラグの変化が起こることを示す
6．CALL命令の動作概要の欄に，R7→（R6）とある意味は，「R7レジスタの内容を，R6レジスタの内容値が指し示すメモリ番地へ格納する」との意味である。同時にF→R7となっているので，「Fオペランド値をR7レジスタへ入れる」との意味である

7．BIT（Bit Test）およびCMP（Compare）命令の動作概要の欄に，F ∩ T →PSW，およびT-F→PSWとある意味は，「(F・T）あるいは（T-F）の結果をPSWに伝送するのではなく，F ∩ Tと（T-F）の結果の負，零，OVF，Carryの有無に応じて，PSW（＝R5）の対応フラグビットに１を立てる」との意味である。Tオペランドには結果を転送してはならない。

8．DEC命令はFオペランドが不要な命令であるが，命令のF部には00---を入れる。これは命令フォーマットを統一し，状態遷移（12章に後述）を統一するためである。しかし逆に有害な動作をしてしまう危惧があり，下記４項の注に記す注意が必要である。

表10-２の注：

1．他機種でよく見かけるLOAD命令，STORE命令，はSEP-Eにはなく，MOVE命令（MOV）と間接アドレス指定（11.2節）で実現する

2．他機種JUMP RELATIVE（JR）では，PC+F→PCとなるが，SEP-Eでは，IF0状態で既にR7＋１が済んでいるので，＋１が余計について，R7＋１＋F→R7となる。もしFオペランドに即値（11.7節）を指定した場合には，R7＋２＋F→R７となる。JRM命令でも同じく R7+2+F→R7 となる。i.e. 相対の基準は次命令番地。

3．他機種でよく見かけるIN，OUT，命令はSEP-Eにはなく，MOVE命令（MOV）をメモリマップドIO（後述）方式で実行することで実現する

4．Fオペランド不要の命令(DEC,INC,SLA,SLR,SRA,SRR)およびF,T両オペランド不要の命令(DI,EI,HLT,NOP)では，命令フォーマットの統一のために不要なオペランド部にも00---を記入する。そのためダミーの状態遷移をするので，その過程で有害な実動作（例えばRx→Ry）をしないようにデータ伝達制御（後述）にて注意する必要がある。

【問12】　上記注の２でFが即値の場合，R7+２+F→F7となるが，なぜか？

表10-2　SEP-E　命令一覧表

OP SOP	F　　T	ニモニック	動作概要	N Z V C
0101 00	mmrrr　mmrrr	**ADD**，F：T	Add,　T+F→T	＊＊＊＊
1000 00	mmrrr　mmrrr	**AND**，F：T	AND, Bit by bit,　T ∩ F→T	＊＊0 −
1000 01	mmrrr　mmrrr	**BIT**，F：T	Bit Test by Bit AND,　T ∩ F→PSW	＊＊0 −
1110 00	mmrrr　11110	**CALL**，F:IP6	CALL,　R7→(R6),　F→R7	− − − −
0110 01	mmrrr　mmrrr	**CMP**，F：T	Compare,　T-F→PSW	＊＊＊＊
0010 10	00−−−　mmrrr	**DEC**，D−：T	Decrement,　T-1→T	＊＊＊＊
0111 00	00−−−　00−−−	**DI**，D−:D−	Disable Interrupt,　IMK set	− − − −
0111 01	00−−−　00−−−	**EI**，D−:D−	Enable Interrupt,　IMK reset	− − − −
1111 —	00−−−　00−−−	**HLT**，D−:D−	Halt,　S/H押下で再走行	− − − −
0010 01	00−−−　mmrrr	**INC**，D−：T	Increment　T+1→T	＊＊＊＊
1100 11	mmrrr　00111	**JCY**，F:D7	Jump if C=1,　F→R7 if C=1	− − − −
1100 00	mmrrr　00111	**JMI**，F:D7	Jump if N=1,　F→R7 if N=1	− − − −
1100 10	mmrrr　00111	**JOV**，F:D7	Jump if V=1,　F→R7 if V=1	− − − −
0100 01	mmrrr　00111	**JP**，F：D7	Jump　無条件　F→R7	− − − −
0101 01	mmrrr　00111	**JR**，F:D7	Jump Relative,　R7+1+F→R7	− − − −
0101 10	mmrrr　00111	**JRM**，F:D7	Jump Relative if N=1,　R7+1+F→R7 if N=1	− − − −
1100 01	mmrrr　00111	**JZE**，F:D7	Jump if Z=1,　F→R7 if Z=1	− − − −
0100 00	mmrrr　mmrrr	**MOV**，F：T	Move,　F→T	＊＊0 −
1110 01	mmrrr　mmrrr	**MVH**，F：T	Move & Halt,　F→T & Halt	− − − −
0000 —	00−−−　00−−−	**NOP**，D−:D−	No Operation	− − − −
1000 10	mmrrr　mmrrr	**OR**，F：T	OR　Bit by bit,　F ∪ T→T	＊＊0 −
0001 01	10110　00rrr	**POP**，MI6:Dy	Pop,　R6−1→R6, (R6)→Ry,	− − − −
0001 00	00rrr　11110	**PUSH**，Dx:IP6	Push,　Rx→(R6), R6+1→R6	− − − −
0100 10	10110　00111	**RET**，MI6:D7	Return,　R6−1→R6, (R6)→R7	− − − −
0100 11	10110　00111	**RETI**，MI6:D7	Return & IMK reset,　同上	− − − −
0011 00	00−−−　mmrrr	**SLA**，D−：T	Shift Left Arithmetic, 1 bit	＊＊＊＊
0011 10	00−−−　mmrrr	**SLR**，D−：T	Shift Left Rotational, 1 bit	＊＊0＊
0011 01	00−−−　mmrrr	**SRA**，D−：T	Shift Right Arithmetic, 1 bit	＊＊0＊
0011 11	00−−−　mmrrr	**SRR**，D−：T	Shift Right Rotational, 1 bit	＊＊0＊
0110 00	mmrrr　mmrrr	**SUB**，F：T	Subtract,　T-F→T	＊＊＊＊
1110 11	mmrrr　11110	**SVC**，F:IP6	SupervisorCALL,　R7→(R6), F→R7, IMK set	− − − −
1000 11	mmrrr　mmrrr	**XOR**，F：T	Logical XOR　Bit by bit,　F ⊕ T→T	＊＊0 −

11章　オペランドの指定方法

11.1　オペランドの指定方法

SEP-Eのオペランド指定方法のオリジナルはPDP-11にあるが，PDP-11の方式よりも簡素化してある。図11-1に命令フォーマットを改めて示す。

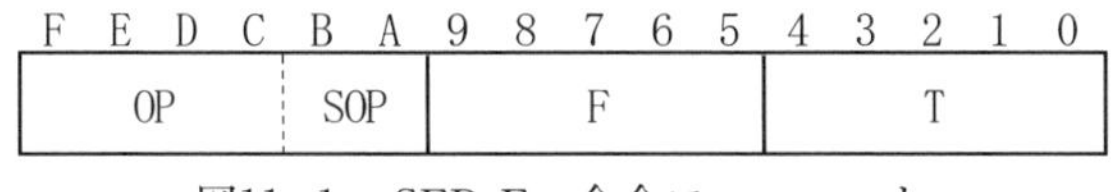

図11-1　SEP-E　命令フォーマット

Fの部分がFオペランド（from Operand）を指定し，Tの部分がTオペランド（to Operand）を指定する。FおよびTの部分をそのまま素直に5ビット値としてオペランド番地指定に使うと，32個の番地しか指定できない。これでは実用にならない。主メモリの全番地を指定するには16ビットが必要である。だからといってF部，T部をそれぞれ16ビットとすると，命令語が38ビットになる。これでは長くなりすぎてSEP-Eの1語（16ビット）に収まらない。そこで図11-2のようにF，Tをそれぞれモード2ビット（mm）とアドレス3ビット（rrr）とに2分割し，汎用レジスタR0～R7を利用してオペランド番地を指定する。

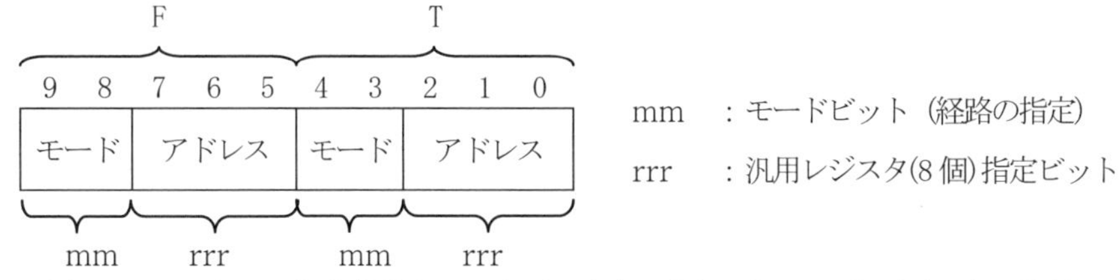

図11-2　アドレス指定部分をモードビット(mm)とアドレスビット(rrr)に分割

このアドレス指定方式は，主メモリ番地を直接に指定することはあきらめて，ｒｒｒの３ビットで８個の汎用レジスタの１個を指定することにしている。主メモリの番地は，その汎用レジスタを介して指定する。その指定の仕方はmm が４通りの方法を指定する。それを表11-１に示す。

表11-１　オペランドアドレス指定モード

mm	ニモニック	モード名称	rrr →R 指定 によるオペランドの作り方
00	D	直接アドレス	R レジスタ内容そのものがオペランド
01	I	間接アドレス	R レジスタ内容で主メモリの番地を指定する
10	MI	-1&間接アドレス	R で主メモリアクセス直前にR-1→R を行う
11	IP	間接アドレス&+1	R で主メモリアクセス直後にR+1→R を行う

アドレスモードの記法の補足：

１．mm rrrの使い方は，FオペランドでもTオペランドでもまったく同一である

２．rrrは８個の汎用レジスタの中のどれか１個を指定する

３．そのレジスタを直接オペランドに使うか，間接に（メモリ番地指定に）使うかを，mmが上記４通りの指定（D,I,MI,IP）をする

４．バイナリ命令：0100 00 00010 01011をニモニックで　MOV，D2：I3　と書くこととする。DR2：IR3とは書かずRを省略することとする

５．FオペランドとTオペランドとの間に，コロンマーク：を挿入する

６．FオペランドかTオペランドかいずれか片方だけを取り上げて話題にするときは，D2：と書けばFオペランドのD2を意味し，：D2と書けばTオペランドのD2を意味する（コロンの前後位置で示す）

７．汎用レジスタを番号指定せずに，Dx：Dy（x，y；0～5）と書く場合がある

11.2　間接アドレスモード　I（mm＝01）

間接アドレスモード（Iモード）はもっとも中心的なアドレスモードである。

・rrrの３ビットで示される値は８個の汎用レジスタのどれかを指定する

・mm＝01，すなわちIモードでは，rrrで指定された汎用レジスタの中の値でメモリ番地を指定する

・そのメモリ番地の内容データがオペランドとなる

図11-3に命令フェッチが終わり，次にその命令指示に従いFオペランドフェッチを行う動作を示す。

ADD,I2：I3（0101 00 01010 01011）のオペランドフェッチ動作を具体例として示す。①→②→③→④の順にFオペランドフェッチ動作が行われる。

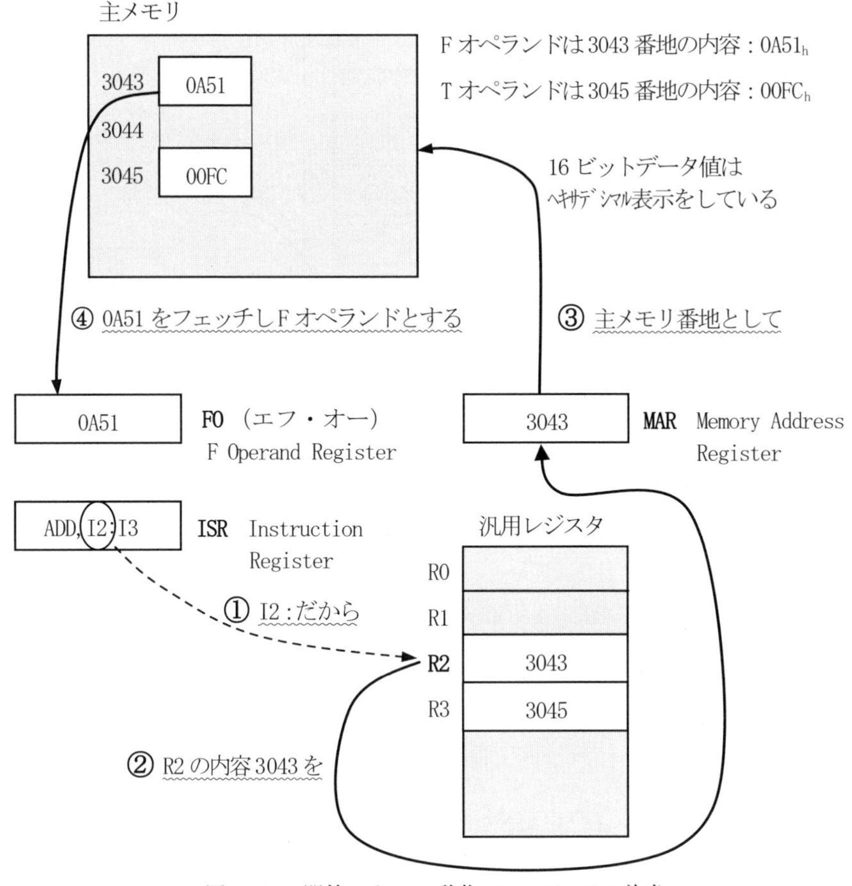

図11-3　間接アドレス動作ADD,I2：I3の前半

図11-3はFオペランドI2：の指定にしたがってR2の中身3043でメモリ番地

を指定し，その内容0A51を読み出したところを示す。この後の動作は，0A51をいったんFOへ格納し，次に図11-4にて，Tオペランド：I3の指定にしたがってR3の中身3045でメモリ番地指定してその内容00FCをTOへ読み出す。その後OPコードADD（加算）の指定にしたがって両オペランドを加算する。すなわち0A51 + 00FC = 0B4Dを算出し，これをTオペランド3045番地の内容へ格納して終了する。Tオペランドの内容は00FCから0B4Dに置換される。

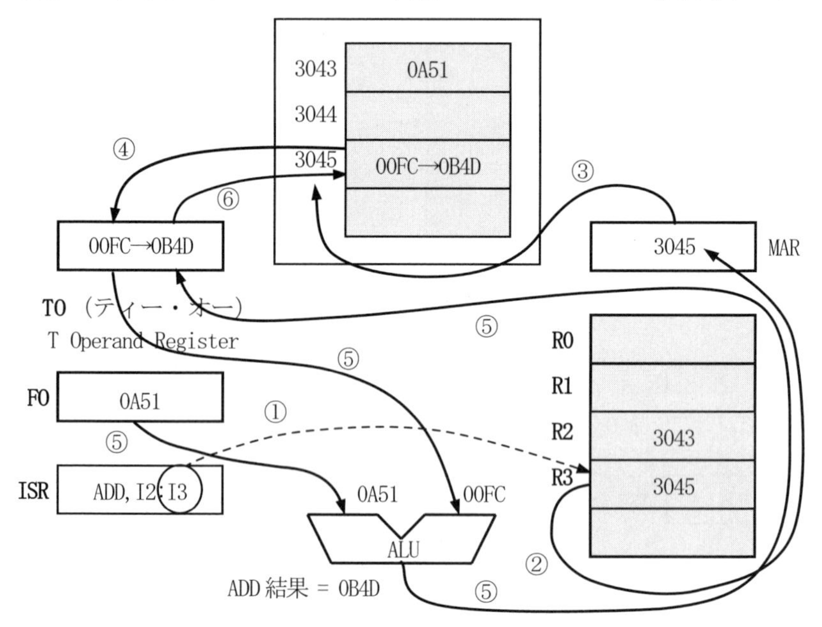

図11-4　間接アドレスADD,I2：I3 の動作の後半

【問13】　図11-3と11-4に説明されている命令の実施動作を，シミュレータ上でクロックレベルで再現せよ。図11-3には記載されていないが，事前準備作業として，R7（PC）の内容を3300_hに設定し，メモリ3300番地に命令ADD,I2：I3を格納する。またR2に3043,R3に3045を設定し，メモリ3043番地に0A51を，3045番地に00FCを格納する。

11.3　直接アドレスモード　D（mm=00）

直接アドレスモードの場合は汎用レジスタの内容そのものが対象オペランドとなる。mm=00,すなわち，Dモードではrrrで指定されたレジスタの中身そのものが対象オペランドである。

具体例　ADD,D0：D1の実行状況を図11-5に示す。

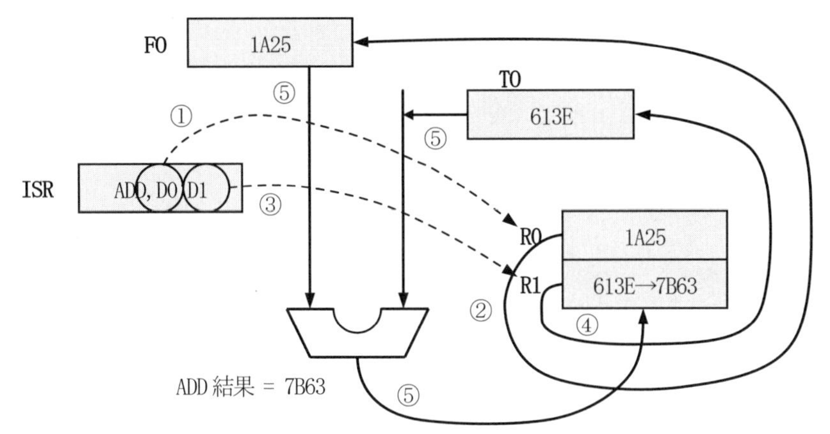

図11-5　直接アドレスモードADD,D0：D1の例

以上具体例としてADD,I2：I3，ADD,D0：D1を示したが，間接アドレスと直接アドレスを自由に組み合わせて使うこと,それらのアドレスモードをAND,OR,SUB,CMPなどと組み合わせて使うことも可能である（＝直交性)。表10-2の一覧表で，F,Tがmmrrr　mmrrrとなっているものが組合せ自由である。

例：ADD,I2：D3，　ADD,D2：I3，　SUB,D0：I1

【問14】　図11-5の命令実行の動作をシミュレータ上で再現せよ。

11.4　－1 & 間接アドレスモード　MI（mm＝10）

MIモードの動作はIモードの場合とほとんど同じである。唯一異なる点はrrrで指定された汎用レジスタの中身をメモリ番地指定に使う前に-1する点である。このMIモードは実用的には限定された特殊なケース（スタックのPOP-UP,サブルーチンや割込みルーチンからの戻り）でのみ用いられる。

スタックは常にR6でポイント（番地指定）されるから，具体的には

POP，MI6：Dy，（y＝0～5）　　または
RET，MI6：D7,　　　　　　　　　または
RETI，MI6：D7

という形でのみ使用される。MI6：については，以上の用途に限定されるので，直交性はない。もしあえて上記以外の用法でプログラムすると，SEP-EのCPUではハードウェアによる不正命令チェックは装備しないので，動くことは動くが，予期せぬプログラム誤りを招く可能性がある。

11.5　間接アドレス & ＋1　IP（mm＝11）

IPモードの場合の動作はIモードの場合とほとんど同じである。唯一異なる点は，rrrで指定された汎用レジスタの中身を，メモリ番地指定に使った後に＋1する点である。

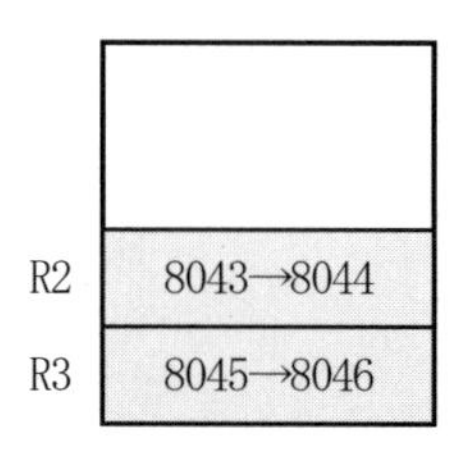

図11-6　IPモードで番地指定後の汎用レジスタ

具体例として図11-4の場合で，アドレスモードがADD,IP2：IP3の場合では，図11-6のようになる。

このIPモードは後続する命令で連続するオペランド番地をアクセスするときに有効である。すなわち，表データとかベクトルデータとか行列データなどである。またスタックへのPUSH-DOWN動作のときにも使われる。

11.6 アドレスモードのまとめ

MIモードは11.4節に述べたようにスタック（R6）を扱う特殊なケースに限定されるので，一般的に使うアドレスモードは，D,I,IPの3種類と考えてよい。今後命令コードを記述する場合，ある具体的なコードを記述するなら
（例） MOV，IP2：D3のように書くが，例えばFオペランドは，Dでも，Iでも，IPでも構わない場合の書き方として，MOV，D/I/IP：D3と書くのは見ずらい。そういう場合は，あえてアドレスモードは示さず，MOV，F：D3という書き方をする。Fは単にアドレスモード不問のFオペランドの意味である。

【問15】 MOV，F：D7を実行するとどうなるか？ JP，F：D7を実行した場合とどこが異なるか？

【問16】 RET命令は，サブルーチンあるいは関数ルーチンから元のプログラムへ戻ってくるときに使う。逆にサブルーチンなどへ飛ぶときには，JP命令ではなく，CALL命令を使う。JPでは何が不都合か？

11.7 即値（Immediate Value)（その場で新しく導入するデータ）

これまでの説明ではオペランドは，間接モードでは主メモリ内に存在し，直接モードでは汎用レジスタ内に存在する。しかし扱いたいデータがプログラマの頭の中に新しく生まれたときはどうするか？そのデータはまだ主メモリにも汎用レジスタにも存在していない。そのデータを主メモリまたは汎用レジスタ

に置くためには，そのデータをプログラムの中でFオペランドとして創り出さねばならない。このようにプログラムを書いている場で新しく創り出すデータを即値（そくち）と呼ぶ。即値は別の呼び方ではリテラルとも呼ばれ，Fオペランドの１つの形として，プログラマがプログラム中にデータを直接書いて新しいデータとして創り出すものである。他機種で使われる簡単な即値としては，１語の命令の中に即値オペランドをじかに埋め込む図11-７のような方式もある。

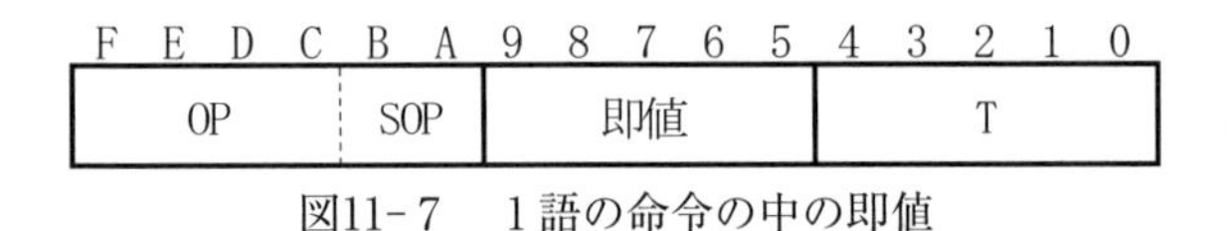

図11-７　１語の命令の中の即値

しかしこれでは即値の大きさが５ビット以下に限定されるし，さらにアドレスモードの形式 mmrrr mmrrr を破ることにもなる。そこで，命令１語の内部に即値を埋めることはあきらめて，図11-８に示すように，命令語の次の番地に１語16ビットの即値を使うこととする。

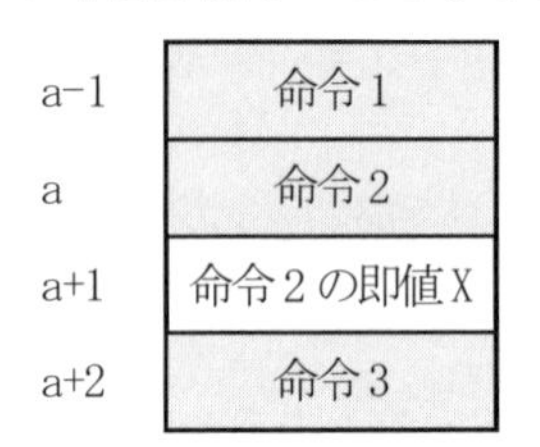

図11-８　命令語の次番地の即値 X

図11-８においては，命令１には即値はない。命令２には即値がある。図では即値Xとしている。Xが命令２の次の番地に入っているので，命令３はその次の番地に入る。プログラマは，１語の即値を命令２の次番地に続けて書けばよい。命令２が即値を使う方法は次のようになる。具体例としてMOV命令のFオペランドに即値Xを使う場合を示す。

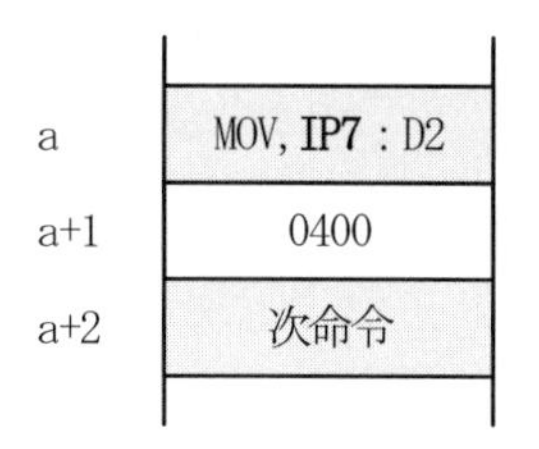

図11-9　即値の指定仕方

図11-9は，MOV命令がFオペランドとして次番地に置いている即値X＝0400を使う状況を示す。この例ではFオペランドはIP7：が指定されているからFオペランドは，R7の中身で指定されるメモリ番地内容である。現在の命令MOV，IP7：D2をフェッチするときはR7の中身はaであった。

現在の命令がフェッチされて，次にFオペランドをフェッチしにいくときにはR7の中身はインクリメントされて（a+1）となっている（これは一般的設計でありSEP-EのCPUでもそのように設計する)。

したがってFオペランドはa＋1番地の内容，すなわち0400となる。
なおR7の中身は番地指定に使った後に＋1される（IP指定だから)。よってFオペランドをフェッチした後ではR7の中身はa＋2となっている。これは次命令の番地を指し示す。この例ではTオペランドは：D2だから0400をR2へ直接入れて（MOVE）動作終了する。

要するに，Fオペランドとして即値Xを使うには，IP7：を指定すればよい。R7は常に次の命令番地を指定するために使われる。そのR7を例外的にFオペランド指定に再利用した形になる。

即値はMOV命令に限らず，一般的にFオペランドを指定する命令ならば同じ手法（IP7：）で使える。

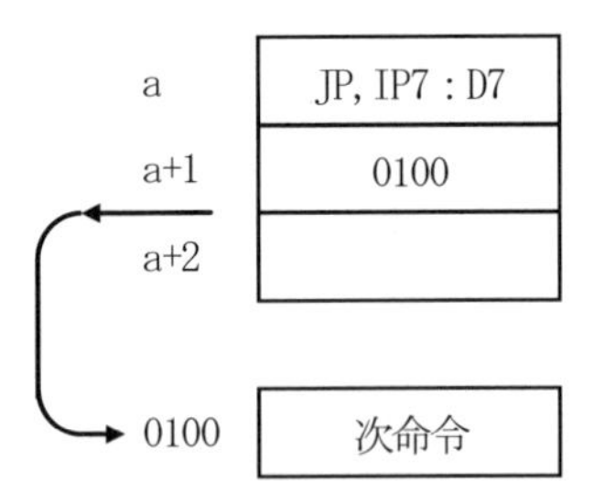

図11-10　即値0100へジャンプする方法

図11-10の命令ではFオペランドは上の例と同じく即値0100となる。Fオペランドをフェッチした後の（R7）は，IP7：の指定でa＋２になる（図11-９の例では次命令がa＋２番地から取られた）。

しかし図11-10はTオペランドが：D7という指定だから，即値0100がR7に入れられる。その状態でこの命令は終了し，次にフェッチされる命令はR7の内容すなわち0100を番地として指定されてフェッチされる。これは次命令がa＋２から切り替わって0100番地へジャンプすることを意味する。

【問17】　図11-10を参考に，JP,IP7：D7をJR,IP7：D7としたときの動作を図解し，またシミュレータで実行せよ。ただし即値は0100でなく0005とし，命令の所在番地は8300番地とする。

【問18】　即値はなぜTオペランドとして使うことはないのか？

12章　状態遷移（CPU動作フローの解析）

12.1　命令の実行サイクル

一般の概説書によると，コンピュータの１個の機械語命令の実行の過程は，

（1）　命令フェッチ（取り出し）
（2）　命令デコード（意味解読）
（3）　オペランドフェッチ
（4）　演算実行

の４つのステージからなる，と説明されている。確かに１個の機械語命令の実行の中では，この４つは不可欠な要素である。しかし不可欠だからといっても，全てのコンピュータがこの通り動いている訳ではない。実際に実行過程の時間経過を調べると，コンピュータの機種によってそれぞれ工夫があり，時間的に１つのステージで２つの動作を並行して行う機種もある。

SEP-Eでは，実行サイクルは大まかには次のようになっている。

（1）　命令フェッチ　IF
（2）　命令デコードおよびFオペランドフェッチ　FF
（3）　Tオペランドフェッチ　TF
（4）　演算実行および演算結果の格納　EX

12.2　実行サイクル → 状態遷移への対応づけ

SEP-Eの機械語命令の実行は，図12-１のサイクルを繰り返すことで進行する。１つの命令サイクルの中の各ステップは，それぞれ所定目的の動作を行う時間帯である。このような他と違う動作をする時間帯の区切り（ステップ）を

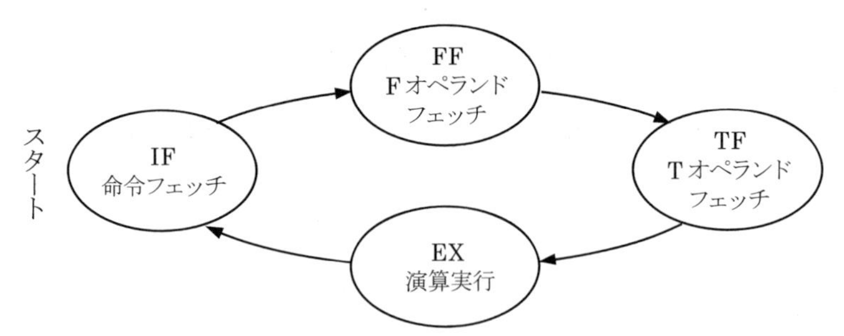

図12-1　1命令実行サイクルの中の4つのステップ（状態）

「状態」とも言い，IF状態，FF状態，TF状態，EX状態となる。各状態を動作分析すると，各状態とも2つに細分化され，図12-2のようになる。

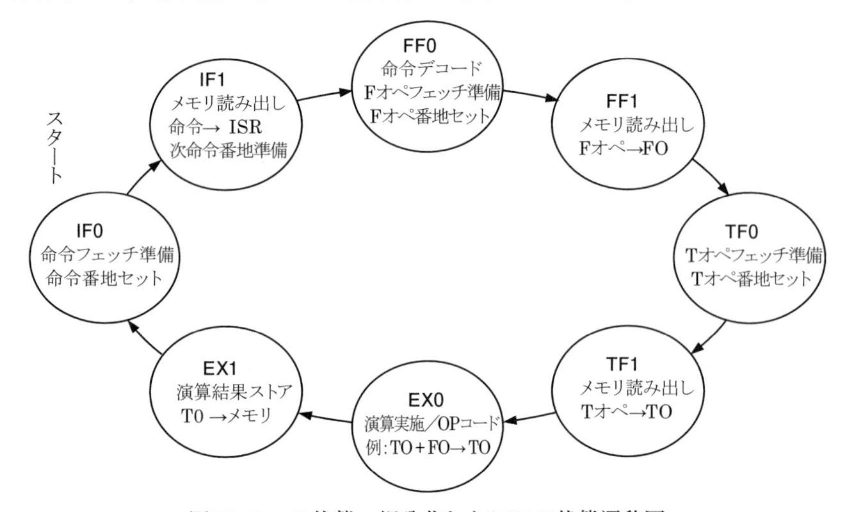

図12-2　8状態へ細分化したSEP-E状態遷移図

図12-2はこれ以上に細分化する必要がなく，SEP-Eの全ての命令実行サイクルをカバーしている。図12-2の動作説明を，SEP-Eのレジスタ間の伝達動作記号へ置きかえると，図12-3となり，状態遷移図となる。

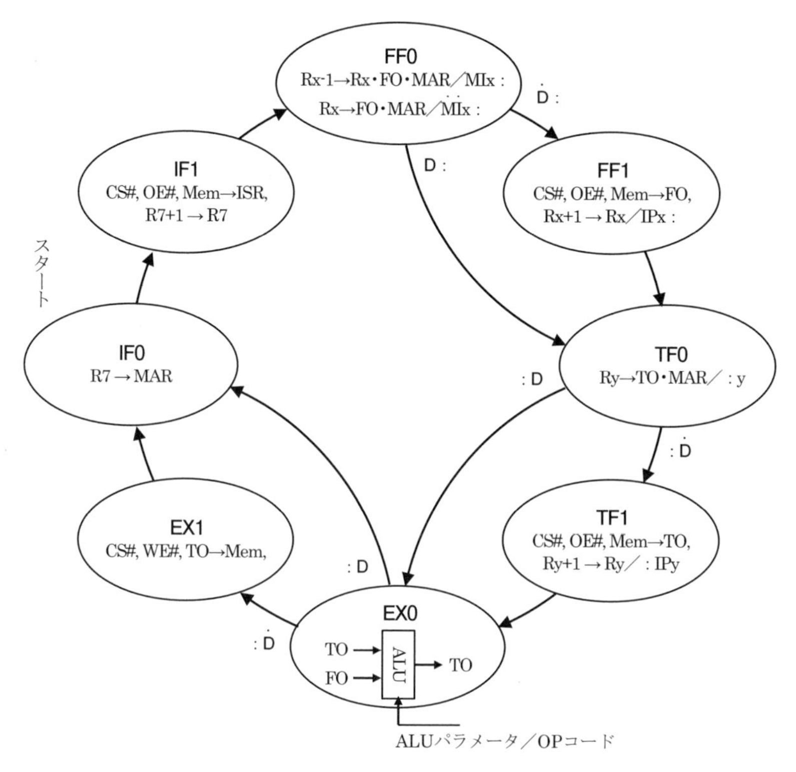

図12-3 SEP-E 命令実行状態遷移図

注：

1．図12-2の**FF0**では，「命令デコード」動作があるが，図12-3の**FF0**にはそれに対応する動作が記載されていない。その理由は，デコード動作は，ISRに付いているデコードゲートからデコード結果信号が出現するだけで，それ自身がレジスタ間のデータ移動とはならないからである。デコード結果信号は，そのときの命令の内容によって，「ADD」，「SUB」，「MI6：」や「：D7」等の具体的な命令内容を示す信号を出し，データ移動の条件信号となるものである（14．4節を参照）

2．オペランドアドレスモードがDモードならメモリアクセスの必要がない。

そのためメモリアクセスをするための状態である**FF1**,**TF1**,**EX1**をバイパスする分岐が発生する。そのときの分岐条件を遷移の矢印の近辺に記す。「D：」は，FオペランドDモードを示す。「Ḋ：」はFオペランドがD以外，すなわち，I,IP,MIのいずれかを示す。「：D」は「T」オペランドがDモードであることを示す。「：」の位置で区分する。

3．「／」はifの意味で，条件つきの動作を示す。／の右側の記載が条件である。例えば，「／ṀİX：」は，FオペランドがMIモードでない条件である。x，yは0〜7のどれかの数字で，汎用レジスタ番号である。例えば，FF0にあるRx→FO・MAR／ṀİXは，もしMIモードでないなら，RxをFOとMARとに伝送する，との意味である

4．**EX0**状態の動作記事で，「ALUパラメータ／OPコード」とあるのは，ALUが持っている多機能動作の中のどれかを，OPコードによってパラメータ選択するという意味である

5．／記号のない動作は，if条件なしに行われる。すなわち，該当の状態になれば，無条件に実施される

6．／記号がある動作は，かなり多い。ということは，そのときのOPコードやアドレスモードによって，1つの状態でも条件によって動作内容が変わることを意味している。逆に1つの状態では必ず同じ動作しかしない，という方針で命令動作分析をするならば，状態が細分化され過ぎて，非常に多数の状態と多数の遷移からなる「蜘蛛の巣」のような状態遷移図ができあがる。それでは，状態遷移図の本来の目的には沿わない。状態遷移図の目的は，命令実行の基本的な動き方を，全体的に簡明に可視化することにある。SEP-Eの状態遷移図は，レジスタ伝達動作，メモリアクセス動作，ALU通過動作などの基本動作の単位で状態定義を行い，レジスタ番号の選択とか，ALU機能の選択とかは，同じ動作（同じ状態）の中でのバリエーションと考えることで作り上げている

12.3 状態と状態遷移

コンピュータに限らず一般にデジタル機械は，クロックに同期して間欠的に動作が進行する（対照的にアナログ機械は歯切れが明確でなくダラダラと連続的に進行する)。間欠的に明確な区切りごとに動く場合は，1つの区切りでは単純な要素動作を行う。それを積み重ねて全体的には複雑な動作をこなす。図12-3では，この1つの区切りを1つの楕円で表している。すなわち1個の楕円は他と違う固有の動作をする1つの区切られた期間であり，この1つの期間を1つの「状態」(State または Status）と呼ぶ。

また，クロックの進行（時間の進行）とともに1つの状態は他の状態へと移行する。どの状態へ移行するかは，今いる状態と，今存在している内部条件／外部条件とから決まる。図12-3では，基本的に今どの状態にあるかが，どんな動作をするかを決定している。このような状態遷移図をムーア型の状態遷移図と呼ぶ。これに対して，どの状態にあり，かつ，そのときの遷移トリガー信号がどうか，の両者の組合せによって，どんな動作をするかを決定する方式をミーリー型の状態遷移図と呼ぶ。ムーア型の方が分かりやすい。しかし状態の個数が増える傾向がある。

一般的には，1つの状態が必ず1クロックで終了し次状態へ遷移するとは限らない。外部条件が整うまで数クロック間足踏みして同じ状態にとどまる場合もある。例えば，主メモリがD-RAMであった場合のリフレッシュタイム待ちとかDMA（Direct Memory Access）チャネルが動作中のためのメモリ空き待ちなどである。SEP-Eの場合は，これらの待ちが起こらない構成を想定しているので，通常走行モードでは，1クロックごとに次々に状態が遷移する（デバッグ中には他の走行モードも選べる)（付録Ⅱの実習教材解説書を参照)。

図12-3はSEP-Eの全命令の命令実行サイクルを表現する状態遷移図である(割込みは未表示)。ただし，図の中に表示されている動作は共通的な基本動作だけであり，個々の命令の固有動作までは表示していない（固有動作はほとん

どがEX0状態で生起する)。

図12- 4 は状態遷移の最初の３つの状態での動作R7→MAR,R7+1→R7,R3→MAR/I3に対応する各ゲートの波形を時間軸上に描いた図である。例えば，R7A は次ページの図12- 5 のブロック図では，R7 から左のAバスへデータを伝送するときに開くゲートである。それでR7A と名付けている。同様にALSは，ALUの出力が，Sバスへデータを伝送するときに開くゲートである。「ALUスルー」の意味は，Aバスのデータがを単に通過してSバスへあらわれる機能である。図12- 5 のALUの左に書いてある７個のフラグ，X,Y,Z,U,V,P,Qの１つのパターンを選択することで実現する（付録Ⅱに示す電子教材参照)。

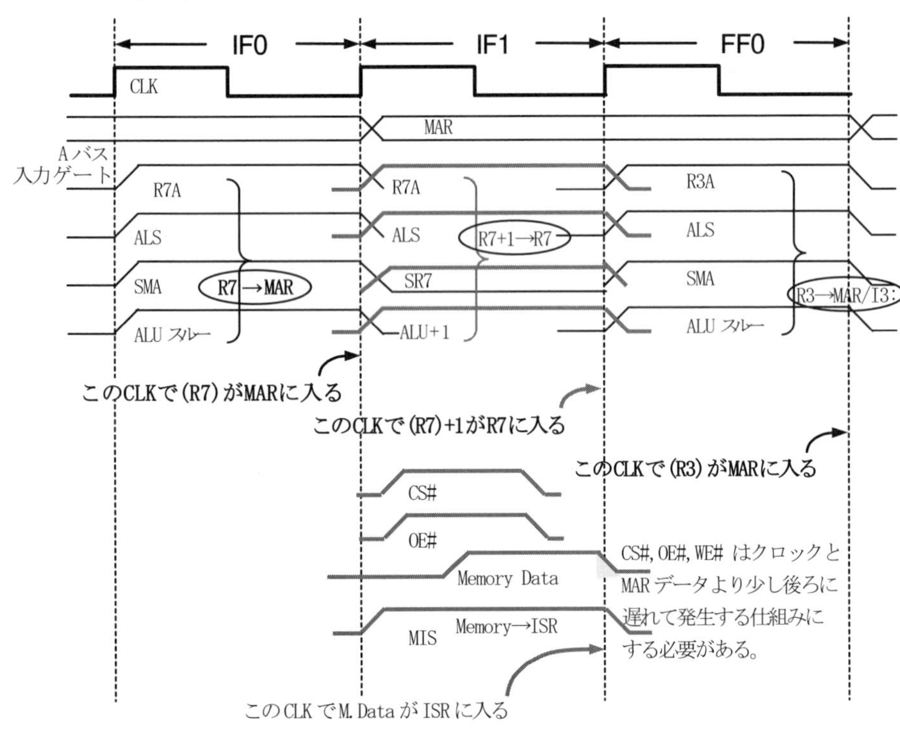

図12- 4　状態遷移とクロックの関係（Fオペランドは I3：を想定している）

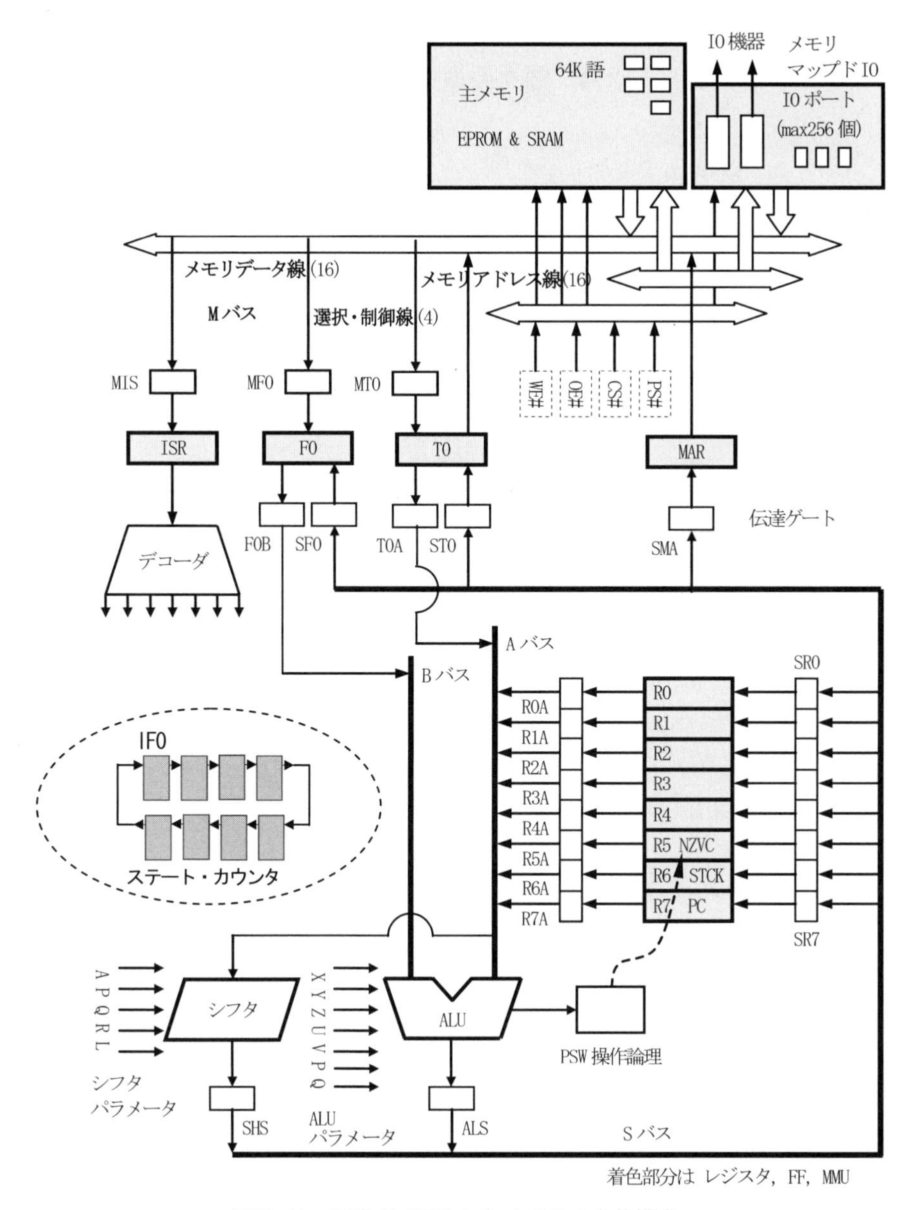

図12-5　SEP-E CPU と主メモリの全体構成

12.4　個々の命令の状態遷移

図12-３／図12-５を参照しながら，いくつかの命令の実行サイクルすなわち状態遷移を追いかけてみる。それには状態遷移の時計回りの一巡の流れを，上から下へ１ステップ（１状態）ずつ表にまとめて書く。これを状態遷移シーケンス表と呼ぶこととする（表12-１）。

表12-１　状態遷移シーケンス表

<table>
<tr><td>命令コード
(mnemonic)</td><td>ADD, IP3 : IP2</td><td>命令コード
(binary)</td><td>0101 00 11011 11010</td></tr>
<tr><td>状態</td><td colspan="2">データ移動指示／条件</td><td>状態遷移指示／条件</td></tr>
<tr><td>IF0</td><td colspan="2">R7→MAR</td><td>IF0 →IF1</td></tr>
<tr><td>IF1</td><td colspan="2">MAR→Memory, CS#, OE#, Memory→ISR, R7+1→R7</td><td>IF1 →FF0</td></tr>
<tr><td>FF0</td><td colspan="2">R3→MAR・F0／IP3 :</td><td>FF0→FF1／$\dot{D}$:</td></tr>
<tr><td>FF1</td><td colspan="2">CS#, OE#, Memory→F0, R3+1→R3／IP3 :</td><td>FF1→TF0</td></tr>
<tr><td>TF0</td><td colspan="2">R2→MAR・T0／ : IP2</td><td>TF0→TF1／ : $\dot{D}$</td></tr>
<tr><td>TF1</td><td colspan="2">CS#, OE#, Memory→T0, R2+1→R2／ : IP2</td><td>TF1→EX0</td></tr>
<tr><td>EX0</td><td colspan="2">T0+F0→T0／ADD・ : $\dot{D}$　　PSW set／ADD</td><td>EX0→EX1／ : $\dot{D}$</td></tr>
<tr><td>EX1</td><td colspan="2">CS#, WE#, T0→Memory</td><td>EX1→IF0</td></tr>
</table>

状態遷移シーケンス表の一般的説明：

1．遷移シーケンスでは，１行の横欄が１つのクロック単位の動作であり，１つの状態でもある。
2．データ移動指示の欄にはその状態で行う要素動作を記す。遷移指示の欄は遷移図の矢印に対応している。
3．データ移動指示の欄の転送動作は，そのクロックタイムの終了境界のクロックの前縁で，指定された相手レジスタへセットされる。
4．IF1にあるMAR→MemoryとMemory→ISRの動作は，MARにあるメモリ番地指定情報をメモリへ送り出して番地を指定する。その指定番地のメモリ内容をISRへ読み出す動作で，2段階のデータ伝達が行われている。メモリはクロックに非同期に動作するので，IF1という1クロック期間内に番地を受け取り，その番地の読出しという２つの動作をできる。普通のレジスタ伝達動作は，クロック同期なので，R0→MARのように，１段階の矢印の動作しかできない。

5．主メモリからの反応は必ず１クロック以内で完了する（実質上ACK#を待たずに制御を進めうる）。もし１クロックで完了しない場合（主メモリがDRAMのとき），Ready信号ACK#を待って状態が進む制御が必要となり，待つ間R7+１→R7の動作がn回反復し，誤動作となる（状態遷移の設計を変える必要がある）。

6．R7→MARとの記法は正しくは（R7）→（MAR）との意味であるが，ここではレジスタを指定しての転送指示であり，レジスタの内容が相手レジスタに入ることは自明なので，（　）を略して書く。他の説明で，(R7)となっている場合は，R7で指定されるメモリ内容の意味である。

7．／記号は，ifの意味であり，／記号の右側の条件で左側の動作が実施されることを示す。／がないときはその状態であれば常に生起する動作である。

8．／の両側で項目が並記されるとき，・記号はANDで，記号はORの意である。

ADD,IP3：IP2の状態遷移の説明：

IF0：命令フェッチを開始する。そのために常に次命令の所在番地を保持しているR7レジスタの内容をMARレジスタ（メモリ番地レジスタ）へ移す(R7にも残る)。これを簡単にR7→MARと記す（転送経路を示す)。

IF1：主メモリから命令を読み出す（=CS#,OE#を出す)。転送経路はMAR→Memory（番地)，Memory（内容）→ISRとなる。MAR→Memoryの途中には，手動操作のときのルートと分けて通すためのゲートMAMが存在するが，このゲートは通常走行中は常に開になっているので，ここであえて指示を出す必要はない。よって普通はMAR→Memoryの記述は省略する。読み出したメモリデータの転送先は，ISR,FO,TOの３ケ所ありうるから，そのうちISRを指定する。

FF0：Fオペランドフェッチを開始する。そのためにISRに読み出された命令語を見て，Fオペランドがどのような指定になっているのかを調べる。この動作は具体的にはISR$_{98765}$のビットパターンを見てモード指定とレジスタ指定を認識する動作である（図12-6）。

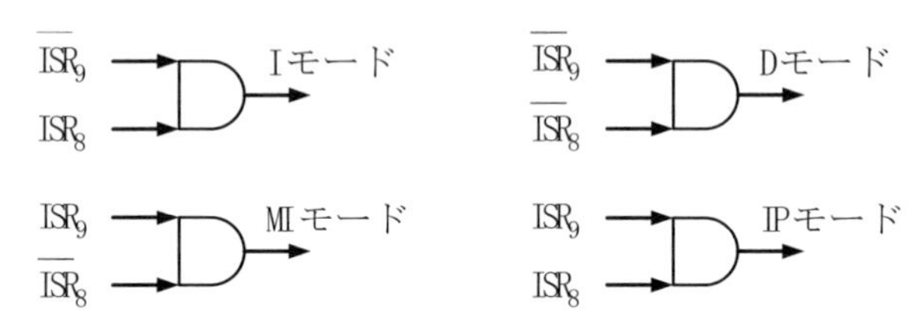

図12-6　Fオペランドのモード解読（デコード）用のANDゲート

今の例ではFオペランドが間接アドレスIP3：指定である。よって汎用レジスタR3からMARとFOへデータを移す。FOへの転送は，直接アドレスの場合に必要になる動作であるが，今は間接モードだから本来は不要な動作である。しかし，この動作があっても害にはならないので，入れておく。すると間接モード／直接モードともに共通動作となり制御が簡単になる。状態遷移はアドレスモードが1P：→$\dot{D}$：であることから，**FF1**へ移る。

FF1：主メモリアクセスを行い，読み出しデータをメモリデータレジスタFOへセットする。同時にIP3：指定があるからR3のカウントアップを行う。状態遷移は無条件に**TF0**へ移る。

TF0：Tオペランドフェッチを開始する。すなわちISR$_{43210}$を調べ，：IP2 の指定だから汎用レジスタR2の内容をMARへ移す（同時にTOにも移しておく。これはIモードでは不要な動作であるが：Dモードのときと動作を共通化するために行う)。状態遷移はアドレスモードが：$\dot{D}$であることから，**TF1**へ移る。

TF1：主メモリアクセスを行い，読み出しデータをメモリデータレジスタTO

へセットする。これと同時に，：IP2指定に応じて汎用レジスタR2の内容を＋１してR2へ戻す。状態遷移は無条件に**EX0**へ移る

EX0：F，T，両オペランドともに用意できたから命令の最終目的である演算を実施する。この例では，ADDであるからFオペランドとTオペランドとを算術加算して結果をTオペランドに戻し入れる。FオペランドはFOレジスタに読み出してある。TオペランドはTOレジスタに読み出してある。TOレジスタをAバス経由でALUにつなぐ。FOレジスタはBバス経由でALUにつなぐ。多機能演算器ALUの中では算術加算機能を指定し（そのようにパラメータをセットする），加算結果をSバス経由TO へ戻し入れる。ADD命令では演算実行と同時に，その結果の値によりPSWの４個のフラグのセットも行う。

次の状態への遷移は，この例では，Tオペランドが間接指定されているから，加算結果はTオペランドが所在する主メモリへ書き戻すこととなり，よって**EX1**へ遷移して主メモリ書き込み動作を行う（：Ḋにより**EX1**へ遷移する）。

EX1：主メモリへ書き込み要求（CS#，WE#を同時に発行する）を出す。書き込みデータは，加算の結果であり，**EX0**でTOに乗せてある。書き込み番地は**TF0**でTオペランド番地をMARにセットしたが，それがそのまま持続している。よって書き込み準備は既にできているから後は書き込み要求を出せば**EX1**の１クロックタイム内で加算結果がTオペランドに新しく入れかわる。

以上で演算処理は終了し，後は何もすることがないから，状態遷移は無条件に**IF0**へ戻る。**IF0**へ戻ると，再び次の命令実行サイクルが回り始める。

【問19】 ADD命令でアドレスモードが直接モードでは，TO+FO→TOでなくTO+FO→TO・Ryとなる。なぜか？

【問20】 NOP命令をデコードするANDゲートの入力信号を書け。

表12-2　ADD命令をMOV命令に変えた場合の状態遷移シーケンス表

<table>
<tr><td>命令コード
(mnemonic)</td><td colspan="2">MOV, IP3 : IP2</td><td>命令コード
(binary)</td><td>0100 00 11011 11010</td></tr>
<tr><td>状態</td><td colspan="3">データ移動指示／条件</td><td>状態遷移指示／条件</td></tr>
<tr><td>IF0</td><td colspan="3">R7→MAR</td><td>IF0 →IF1</td></tr>
<tr><td>IF1</td><td colspan="3">CS#, OE#, Memory→ISR, R7+1→R7</td><td>IF1 →FF0</td></tr>
<tr><td>FF0</td><td colspan="3">R3→MAR・F0／IP3 :</td><td>FF0→FF1／Ḋ :</td></tr>
<tr><td>FF1</td><td colspan="3">CS#, OE#, Memory→F0, R3+1→R3／IP3 :</td><td>FF1→TF0</td></tr>
<tr><td>TF0</td><td colspan="3">R2→MAR・T0／ : IP2</td><td>TF0→TF1／ : Ḋ</td></tr>
<tr><td>TF1</td><td colspan="3">CS#, OE#, Memory→T0,　R2+1→R2／ : IP2</td><td>TF1→EX0</td></tr>
<tr><td>EX0</td><td colspan="3">F0→T0／MOV・ : Ḋ,　　PSW set／MOV</td><td>EX0→EX1／ : Ḋ</td></tr>
<tr><td>EX1</td><td colspan="3">CS#, WE#, T0→Memory</td><td>EX1→IF0</td></tr>
</table>

表12-3　FオペランドがD: モードの場合の状態遷移シーケンス表

<table>
<tr><td>命令コード
(mnemonic)</td><td colspan="2">MOV, D3 : IP2</td><td>命令コード
(binary)</td><td>0100 00 00011 11010</td></tr>
<tr><td>状態</td><td colspan="3">データ移動指示／条件</td><td>状態遷移指示／条件</td></tr>
<tr><td>IF0</td><td colspan="3">R7→MAR</td><td>IF0 →IF1</td></tr>
<tr><td>IF1</td><td colspan="3">CS#, OE#, Memory→ISR, R7+1→R7</td><td>IF1 →FF0</td></tr>
<tr><td>FF0</td><td colspan="3">R3→MAR・F0／ D3 :</td><td>FF0→TF0／D :</td></tr>
<tr><td>TF0</td><td colspan="3">R2→MAR・T0／ : IP2</td><td>TF0→TF1／ : Ḋ</td></tr>
<tr><td>TF1</td><td colspan="3">CS#, OE#, Memory→T0,　R2+1→R2／ : IP2</td><td>TF1→EX0</td></tr>
<tr><td>EX0</td><td colspan="3">F0→T0／MOV・ : Ḋ,　　PSW set／MOV</td><td>EX0→EX1／ : Ḋ</td></tr>
<tr><td>EX1</td><td colspan="3">CS#, WE#, T0→Memory</td><td>EX1→IF0</td></tr>
</table>

状態遷移図（図12-3）は1～2個の命令の状態遷移シーケンスを解析するだけで完成する訳ではない。最初は概略の見当で仮定的な図を作り，その後全ての命令の状態遷移シーケンスとの相互チェックの往復を経て完成する。ブロック図（図12-5）はCPUの静的構造図であり，状態遷移図（図12-3）はCPUの動的構造図である。

表12-4 Tオペランドが:Dモードの場合の状態遷移シーケンス

命令コード (mnemonic)	**MOV**, IP3 : **D2**	命令コード (binary)	0100 00 11011 00010

状態	データ移動指示／条件	状態遷移指示／条件
IF0	R7→MAR	IF0 →IF1
IF1	CS#, OE#, Memory→ISR, R7+1→R7	IF1 →FF0
FF0	R3→MAR・FO／IP3 :	FF0→FF1／Ḋ :
FF1	CS#, OE#, Memory→FO, R3+1→R3／IP3 :	FF1→TF0
TF0	R2→MAR・TO／ : **D2**	TF0→EX0／ : D
EX0	FO→ **R2**／MOV・ : **D2**, PSW set／MOV	EX0→IF0 ／ : D

SEP-Eの状態遷移シーケンスは，いくつかの命令のバリエーションをたどってみると理解が深まる。そこで表12-1のADDをMOVに変えた場合，さらにアドレスモードを変えた場合の例を表12-2～4に示す。太字が変化に対応している部分で，表12-1と比べてその違いを理解してほしい。OPコードによる状態遷移のバリエーションは，ほとんどは**EX0**状態に出現し，その各動作の差異は示さずとも予想がつく。例外としてCALLとSVCでは**EX1**でも差異が出現する。CALLの例を最後に表12-5に示す。

これらのシーケンスは設計の簡明性のため，各命令ごとの最適動作よりも，各命令ができるだけ共通動作するように揃えている。もしMOVに特化するなら，上記シーケンスを短縮することはできる。すなわち**TF0**, **TF1**, **EX0**, **EX1**, の4状態を最短で2状態へ短縮可能である。その場合は，状態遷移図は各命令ごとに入り乱れる。SEP-Eは性能でなく簡明性（説明容易性，理解容易性）を選んでいるので，統一的な状態遷移を忠実にたどる。

OPコードやアドレスモードの違いは，状態遷移シーケンスの中で動作の違いになってあらわれるが，なるべくその違いが小さくなるように動作を揃えると，設計が簡単になり，理解も容易になる。

表12-5の例では，FオペランドがIP7：の指定なので，**FF0**, **FF1**で即値を読み出してFOに格納している。次に**TF0**，**TF1**でスタックを読み出し，R6+1→

表12-5　CALL命令の状態遷移シーケンス表（戻り先をスタックに保存して後にFオペランドで指定するアドレスへJumpする。例ではFは即値である）

命令コード (mnemonic)	CALL, IP7 : IP6	命令コード (binary)	1110 00 11111 11110

状態	データ移動指示／条件	状態遷移指示／条件
IF0	R7→MAR	IF0 →IF1
IF1	CS#, OE#, Memory→ISR, R7+1→R7	IF1 →FF0
FF0	R7→MAR・FO／IP7 :	FF0→FF1／$\dot{D}$:
FF1	CS#, OE#, Memory→FO, R7+1→R7／IP7 :	FF1→TF0
TF0	R6→MAR・TO／ : IP6	TF0→TF1／ : $\dot{D}$
TF1	CS#, OE#, Memory→TO, R6+1→R6／ : IP6	TF1→EX0
EX0	R7→TO／CALL・ : $\dot{D}$	EX0→EX1／ : $\dot{D}$
EX1	CS#, WE#, TO→Memory, FO→R7/CALL	EX1→IF0

R6で次回のスタックの準備をしている。しかし，ここまででは，戻り先アドレスR7（PC）のスタックへの退避はまだ完了していない。次に**EX0**でR7をTOへ入れて退避準備を整え，**EX1**でCS#,WE#を発行してR7をスタックへ格納完了する（このときMARには+１する前のR6が入っていることに留意）。同時に，**EX1**でFOに格納されていた即値（新しいプログラムの入口アドレス）がR7へ入る。またCALL命令は，Jump系の命令と同系統の文脈切換え命令で，演算系の命令ではないので，**EX0**でPSWフラグセットは行わない。

CALLでは，戻り先アドレス→スタックへ格納と，新しいアドレス→R7という２つの動作を行う。同じような動作をSVC命令も行うが，SVCの場合は，単なるユーザプログラムの中でのサブルーチンコールではなく，ユーザプログラムからOSをコールするので，**EX0**で後続割込み受付けを禁止するIMKセットという動作が加わる（割込みの説明は第16章）。

13章　状態カウンタ（ステート・カウンタ）

13.1　状態カウンタとは

前章までで，CPUの中での命令実行の進行状況をいくつかの事例で示した。ここでは，この状態の進み方と，その進行の司令塔がどのようになっているのかを説明する。司令塔は，「状態カウンタ」である。

状態カウンタ（ステート・カウンタ）はCPUの中にあって，進行の司令塔の役割を果たすものである。状態カウンタは一種のタイムカウンタでもあるが，単純な時刻経過を知らせるものではない。CPU自身が時々刻々に「自分は今どの状態にあるのか」を認識し，それを知らせる役目を果たすものである。それを見てCPUの他の部分は，「今何をなすべきか」を決める。

状態カウンタはそのとき実行すべき命令の「状態遷移」に沿って次々に「状態」を告知してゆく。つまり状態遷移図の通りに動き，今どういう「状態」になったのかを告知する。したがって，状態カウンタは，1→2→3→4→とカウントする数値カウンタではなく，

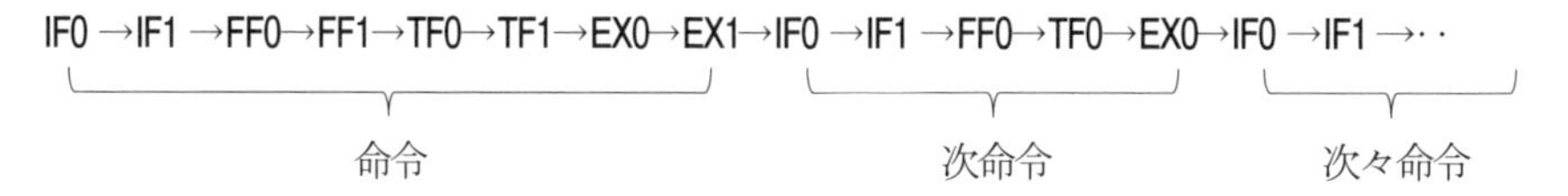

という具合（一例を示している）にカウントする。つまり次々に状態（ステート）の進行をカウントし表示するから状態カウンタと呼ぶのである。

今がどの状態であり，次はどの状態に移るべきかはそのとき実行しようとしている命令がどうなのかによる（具体的には，命令コードの内容とともに，アドレスモードの内容によって遷移のルートが決まる）。命令に応じて状態が次々にどう遷移していくのかを総括して表示しているのが前章までに調べてき

た状態遷移図である。したがって状態カウンタとは，状態遷移図の遷移の動きの通りに動くカウンタである。

13.2　状態遷移とリングカウンタ動作の類似性

SEP-Eの状態遷移に基づいて状態カウンタを構成する。状態カウンタの動き方は8個の状態のうち1個だけが“1”になり，それが1クロックごとに隣へ移行する状況になる。その動き方はリングカウンタにおいて1個のFFだけが“1”になり，1クロックごとに次々に“1”が移行する状況に同じ動きである。そこで状態遷移と同じ動き方をするカウンタとしては，1個のFFを数珠つなぎにしたリングカウンタで構成する。FFとしては，Dフリップフロップ(D-FF)を使って構成する。JK-FFではなくD-FFを使用する理由は，FF間の配線が少なくて済み，またFFをリセットするための論理回路も不要となるためである。まずはリングカウンタを作る前に割込み処理(後述)を除くSEP-Eの全体の状態遷移図（図12-3）を図13-1として再掲する。

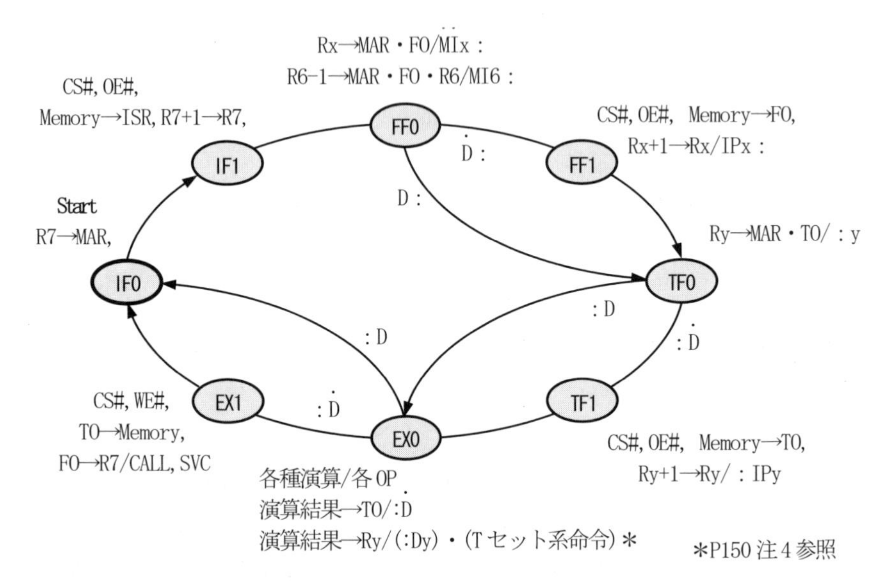

図13-1　SEP-E CPU 状態遷移図（図12-3の再掲）

図13-１では，時計の９時の位置にスタートのIF0状態があり，そこから時計回りに各状態を遷移し，１周すると，１個の命令実行がなされる。各状態で行う動作は，その状態の楕円の近辺に記入されている。主メモリをSRAMと考えるので，メモリリフレッシュ待ちの時間はなく，１クロックごとに遷移が進む。遷移が二分岐しているところではどちらの遷移を選ぶか，選択条件が記入されている。ステート・カウンタの実現には，図13-１に対してD-FFを１ビットずつ各状態へ割り当ててリングカウンタを構成する。まずサンプルとして，４ビットのリングカウンタをD-FFで構成してみる。

D-FFは図13-２に示すようにリセット入力端子(JK-FFでのK端子)がない。セット入力であるD入力端子に0が入ると次のクロックでリセットされる。

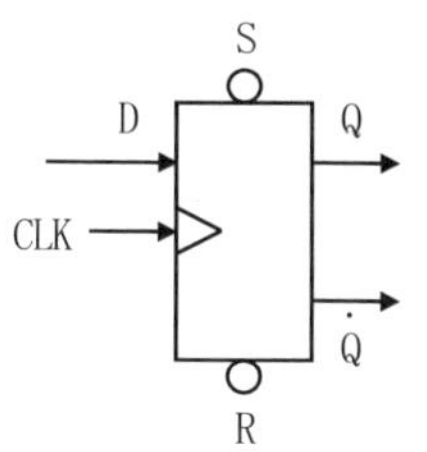

図13-２　D-FFの入出力

表13-１　D-FF の動作表

クロックより前にDに入っている信号	クロック前縁でのQの変化
0	→ 0
1	→ 1

図13-２には，これまでは説明してこなかったS端子，R端子がある。これらは，クロック信号とは無関係に，いつでも強制的にD-FFを１にSetしたり，０にResetしたりできるダイレクト入力端子である（○印なので逆極性反応型）。

図13-３は，D-FFを４個リング状に接続したリングカウンタである。最初のリセット／スタート信号が１番目のD-FFのS端子，および２番目，３番目，４番目のD-FFのR端子に入る。このリセット／スタート信号により，４ビットのリングカウンタの先頭ビットが“１”に，他の３ビットが“０”になる。その直後の最初のクロックで，２番目のD-FFが“１”になり，先頭ビットと３番目，４番目のビットが“０”になる。その後，１クロック入るごとに，４ビットの中で，１個の１信号が時計回りにFFからFFへ渡されていく。このようにダイレクト入力端子S,Rには，通常システム全体の初期リセット／スタート信号を接

続する。クロック信号自体がまだ始動していない段階で，CPU内の必要最低限のFFを初期化するための方法である。

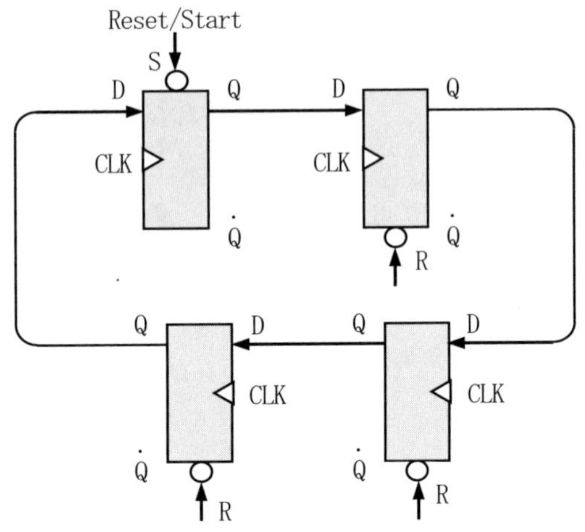

図13-3　D-FFによる4ビットリングカウンタ

リングカウンタはシステムの状態に対応する状態カウンタなので，カウンタの中の1個だけはリセット／スタート信号により“1”にセットされるようにダイレクトセット端子Sへ接続する。以降のCPU状態カウンタ図ではこのリセット／スタート信号およびクロック信号（CLK）の配線は，煩雑化するので図示しない。

代わりに配線接続を示す○印，▹印は残す。

13.3　状態カウンタの構成

図13-1に示す状態遷移図では，1つの状態は1クロックごとに次の状態へ移る。

SEP-Eでは主メモリとしてSRAMを使うことを前提としており，DRAMに特有のリフレッシュタイムによる待ち時間がない。また主メモリへのアクセスでCPUと競合するDMAチャネルは実装しない。このため，各状態は必ず1クロックで次へ移行する。すなわち**IF1**,**FF1**,**TF1**,**IT1**でのメモリ待ちはないことが前提である。もしメモリ待ちループが発生する，との前提ならば，**IF1**,**FF1**,**TF1**,**IT1**におけるR7+1→R7のような動作を他へ移す工夫がいる。さもないと+1がn回ループして+nになってしまう。

このように1クロックで状態遷移をする場合は，図13-3のようにD-FFを数珠つなぎにしたリングカウンタがそのまま状態カウンタを構成する。1つの状態に1個のD-FFを割り当ててつなぐと図13-1に相似な形のリングカウンタ図13-4ができる[1]。簡単だが，これで状態カウンタは完成である。

8個のD-FFの名称は各状態の名称（3文字）をそのまま割り当てる。常に8個のうち1個だけが“1”であり，他のD-FFは全て“0”である。“1”になっているD-FFがそのときの状態を表す。

最初に電源をONしたときに偶然に状態カウンタの全てのD-FFが0になると，このカウンタは動き出さない。これを初期化するためには，リセット／スタート信号により**IF0**のみを1とし，他を全て0とする。すなわち，D-FFのダイレクトリセット端子Rへリセット／スタート信号を入れる。**IF0**のみは逆

1　図13-4に示す状態の数は，全部で8個である。8個の状態を作るには，最低で3ビットのJK-FFを使用し，これでカウンタ回路を構成すれば，000～111を8個の状態へ割り当てることが可能である。その結果D-FF 8個のリングカウンタをJK-FF 3個のカウンタで代替できる。しかしその場合は，3ビットカウンタの動かし方が複雑で，状態出力へのデコーダも必要になる。状態カウンタのようなCPU心臓部の回路は，単に素子の数を減らすことよりも，図13-4のように簡明で分かりやすい回路とすることが重要である

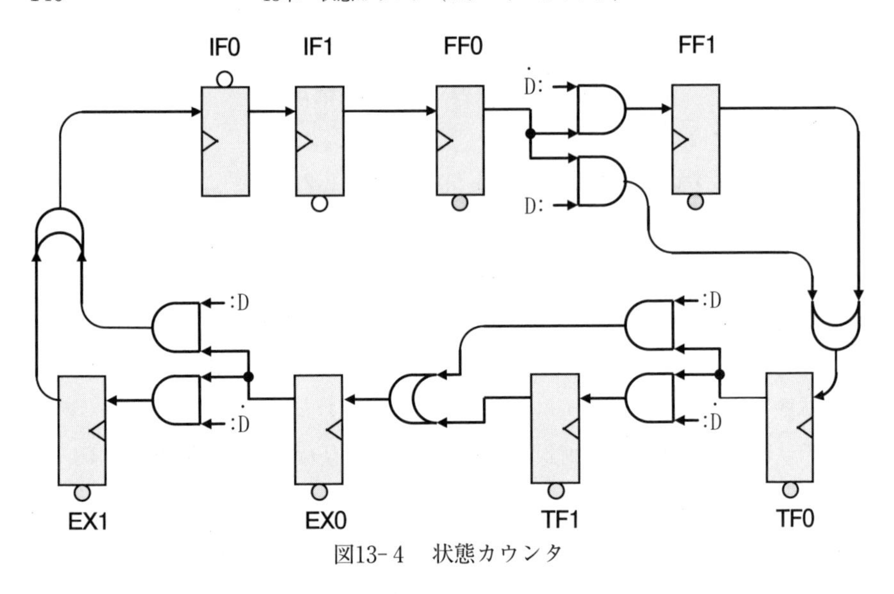

図13-4 状態カウンタ

にダイレクトセット端子Sへリセット／スタート信号を入れる。図13-4には，その線は省いてある。

この状態カウンタの動作は状態遷移をそのまま写し取ったように動作する。例えば**IF1→FF0**のように直結しているところは，**IF1**が1になったら次のクロックで必ず**FF0**が1になる。同時に**IF1**は0に落ちる。“1”信号がバトンのように次のD-FFへと渡されていく。**FF0**の次は**FF1**と**TF0**と二股にルートが分かれる。両方を直結しておくとバトンが両方へ渡り，1状態が2個発生するのでまずい。1が2個になると，状態が2個併存することとなり，状態遷移が失敗したことになる。ここでは1をどちらか片方のみに渡すため，いずれか片方のルートのみを有効とし，他方のルートを閉じる。どちらのルートを有効にするかは，そのときの命令の動作シーケンスがたどるべきルートと一致すべきである。それには状態遷移図の分岐条件の通りに分岐することとなる。そこで，$\dot{D}$：(すなわちFオペランドがD：でない）ならば**FF0→FF1**の遷移とし，D：(すなわちFオペランドがDモード）ならば**FF0→TF0**の遷移とするようにANDゲートで二者択一の条件分けする。両方のルートが合流する**TF0**の入力部分では，どちらのルートから移行してきてもTF0が支障なく1にセットできるようにORゲートで両ルートを受け止める。

　このように分岐と合流のところを状態遷移図の条件に合わせてやると，図13-4の状態カウンタが完成する。

14章　データ伝達制御

14.1　データ伝達制御とは

CPUの動作進行の司令塔である状態カウンタから，各レジスタの間のデータ伝達のゲート開閉を指示する制御をデータ伝達制御と呼んでいる。データ伝達制御は，状態カウンタの他に，そのときの命令コードも関わる。

14.2　データ伝達制御の１つの具体例

図14-１にIF0状態におけるデータ伝達「R7→MAR，TO」の具体的な経路と途中のトランスファーゲート（TG）（伝達ゲート）の開閉の状況を示す。

図の左下にある状態カウンタ（８個のD-FF）の中で現在IF0のみが“１”状態となり，「現在IF状態である」ことを示している。図ではそのIF0状態のFFから点線が４ケ所のデータ伝達ゲート（ALS,R7A,SMA,STO）および１ケ所の制御パラメータ（X,Y,Z,U,V,P,Q）へ届き，それらの開閉制御を行うことを示している（MAM,TOMは通常走行時は常に開になっている）。

図14-１に示す□や■のトランスファーゲート(TG)を論理回路図として正確に書くと図14-２のようになる。もしTGがデータ伝達する対象レジスタがJK-FFタイプなら，リセット側(K側)の信号も必要なので，16×２＝32個のANDが必要になる。SEP-EはD-FFタイプなので，D入力側の16個のANDですむ。

図14-２を簡略化したいときは図14-3のように書くこととする。

図14-１にはTG（□や■）が28個ある。状態がIF0→IF1→FF0→と移っていくと，その状態のときに移動すべきデータ経路のTGが開いてデータを通す。その他のTGは当然閉じたままである。ある状態にあるTGが開くと，その経路

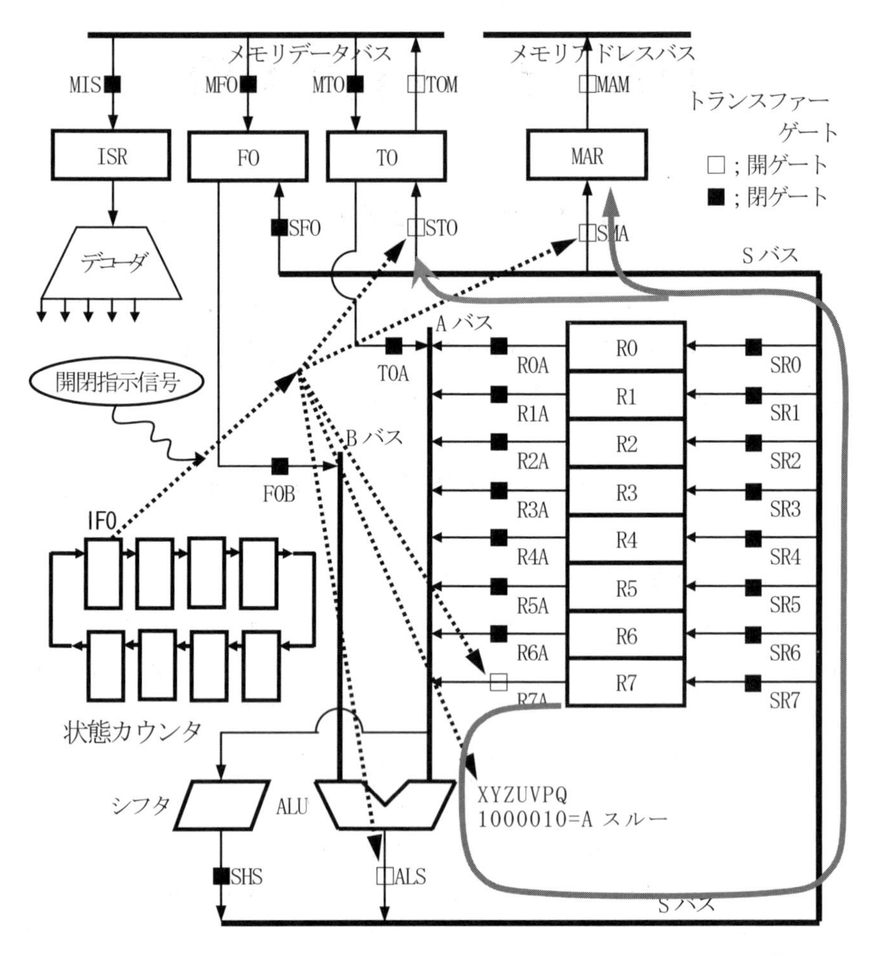

図14-1　R7→MARのときのデータ伝達ゲートの開閉状況 MAM,TOMは普通は開

上にデータが流れ，その状態の1クロック期間の最後のクロック前縁で到着先のレジスタのFFへセットされる。図14-1には実は図示されていないTGが12個あるが煩雑になるので図示していない。それらは，12個（汎用8個＋その他4個）のレジスタのデータ維持ループのためのTGである。レジスタのデータ維持ループとは，図14-4に示すように，レジスタを構成する各FFが，JK-FFではなく，D-FFであるために必要になるループである（R7レジスタを例示）。

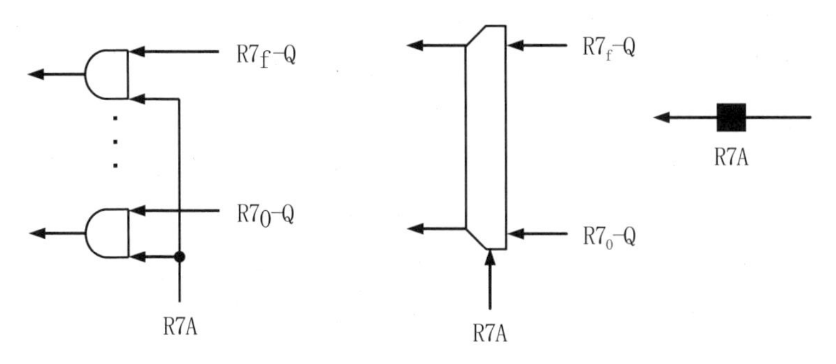

図14-２　D-FF対応TGの回路図　　　図14-３　TGの簡略化記号（２種類）

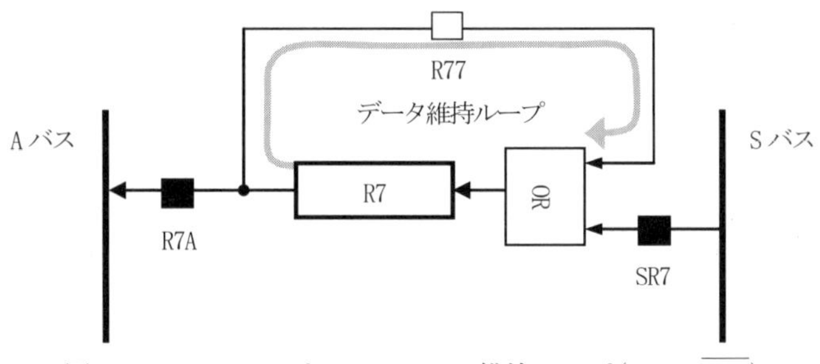

図14-４　D-FFレジスタのデータ維持ループ(R77＝$\overline{\mathrm{SR7}}$)

SR7が開いて，新しいデータがR7にセットされるときを除いて，他の全ての時間帯でデータ維持のためのR77が開き，絶えずR7出力からR7入力へデータを還流させている。さもないとD-FFの入力が途絶えてR7レジスタは16ビット全てがゼロクリアされてしまう（JK-FFなら入力ゼロでも記憶機能がある)。

【問21】　データ維持ループをわざわざつけてもD-FFでレジスタを構成する方が有利な理由を考えよ。

図14-１の例では**IF0**でR7Aとその他３個のTGが開くことが分かったが，次にR7Aに注目して，R7Aがその他のどういう状態や条件のときに開くのかを調べてみる。

それには，R7を出発点としてデータ伝達したり，何かデータ処理している動作を片っ端から拾い上げればよい（例：R7→MAR，R7+１→R7）（R7が到着点となる動作は，別のTGのSR7の問題となる）。

これらの動作の中で全OPコードに共通的なものは図13-１の状態遷移図から拾い上げられる。各OPコードに固有な動作は各OPコードの状態遷移シーケンス（その中でも**EX0**,**EX1**に注目）を作成し，その中から拾い上げる。全32個のOPコードについてR7を出発点とする動作を拾い上げた結果を表14-１に示す。

表14-１　R7を出発点とする動作の一覧

ケース	状態	R7が出発点のデータ移動指示／条件
1	**IF0**	R7→MAR
2	**IF1**	R7+1→R7
3	**FF0**	R7→MAR・TO/D7：,I7：,IP7： (MI：はMI6：しかないのでMI7：は論理上はdon't careでよい。 よってD7：+I7：+IP：7 = 7：でよいこととなる)
4	**FF1**	R7+1→R7/IP7：
5	**TF0**	R7→MAR・TO/：7　（：I7，：IP7は次命令を破壊するので 禁止する。論理上はdon't careでよい)
6	**EX0**	R7→TO/CALL,SVC,　R7+FO→R7/JR,JRM

この表で示される状態と条件とがマッチしたケースでトランスファーゲートR7Aを開けばよい。それを論理回路で示すと図14-５になる。

図14-５に示す論理回路は，R7Aを開くための全条件を示す。これによってR7レジスタからAバスへデータが送出されるが，表14-１が示す動作，例えばR7→MARを達成するには，他のTG（ALS,SMA）も同時に開いてやる必要がある。ここでは他のTGのことは別途考えることとして，もっぱらR7からAバスへ出るTGのみに注目している。

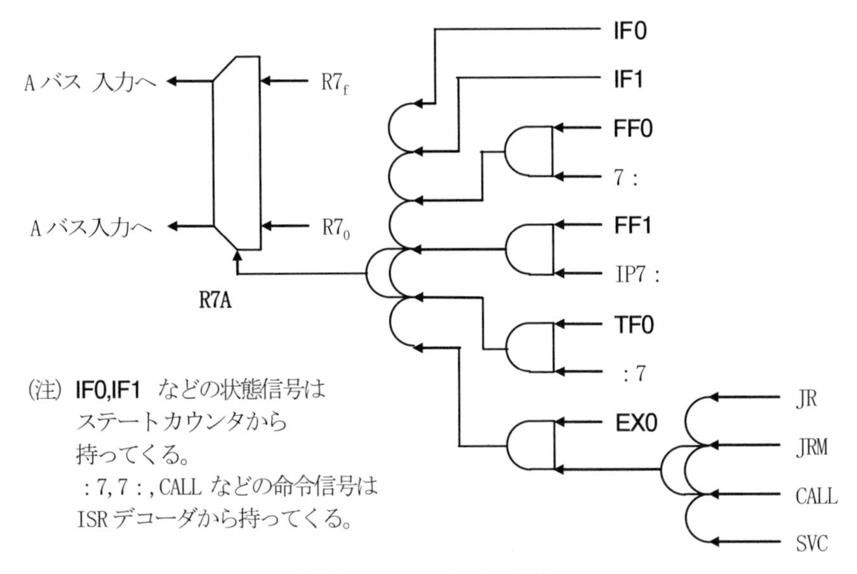

図14-5　R7Aを開く条件

【問22】　表14-1の各行と図14-5の各ゲートの対応をつけること。特に表の3行目が，図の2入力ANDゲート（4個の中の一番上のゲート）の入力項目7：に対応する理由を説明せよ。

14.3　データ伝達制御の一覧表

前節では1つの具体例として伝達ゲート R7A を開く条件を調べた。TGとしては，他にも多くのTGがあるので，CPU全体を設計するには，それらを全て調べる必要がある。またTGだけではなく，ALUの7つの制御パラメータ X,Y,Z,U,V,P,Q およびシフタの5つの制御パラメータ A,P,Q,R,L および主メモリやIOポートに出す信号 CS#,PS#,OE#,WE# についても，どの状態で“1”になるのか調べる必要がある。全命令に共通的な動作，すなわち **IF0,IF1,FF0,FF1,TF0,TF1**における動作は，状態遷移図（図12-3または図13-1）から読み取れる。個別命令ごとの動作すなわち **EX0,EX1** における動

表14-2　データ伝達制御一覧表

TG	IF0	IF1	FF0	FF1	TF0	TF1	EX0	EX1
F0B							/ADD, AND, BIT, CMP, JCY, JMI, JOV, JP, JR, JRM, JZE, MOV, MVH, OR, POP, PUSH, RET, SUB, XOR,	/CALL, SVC
T0A							/ADD, AND, BIT, CMP, DEC, INC, OR, SLA, SLR, SRA, SRR, SUB, XOR	
R0A			/0:	/IP0:	/:0	/:IP0		
R6A			/MI6:		/:6	/:IP6		
R7A	○	○	/7:	/IP7:	/:D7		/CALL, JR, JRM, SVC	
MIS		○						
MF0				○				
MT0						○		
ALS	○	○	○	/IPx:	○	/:IPy	/ADD, AND, CALL, CMP, DEC, INC, JCY, JMI, JOV, JP, JR, JRM, JZE, MOV, MVH, OR, POP, PUSH, RET, RETI, SUB, SVC, XOR	/CALL, SVC
SHS							/SLA, SLR, SRA, SRR	
SMA	○		○		○			
ST0					○		/(:D)・(ADD, AND, CALL, DEC, INC, MOV, MVH, OR, PUSH, SLA, SLR, SRA, SRR, SUB, SVC, XOR)	
SF0			○					
SR0				/IP0:		/:IP0	/(:D0)・(DI・EI・HLT・NOP・BIT・CMP)	
SR6			/MI6:			/:IP6	/(:D6)・(MOV) R6初期セット	
SR7		○		/IP7:			/(:D7)・(JCY・C=1, JMI・N=1, JOV・V=1, JP, JR, JRM・N=1, JZE・Z=1, RET, RETI)	/CALL, SVC

注：1）○印はその状態で無条件にTG開，／印は条件付きで開，7：はD7：,I7：,IP7：全てのOR，／の右の各条件のコンマは各条件のOR
2）この表に出現しないが，EX1のさらに右側に後述の割込みの状態IT0～IT3の4列が加わるべきだが，ここでは省略している
3）SEP-EはHW制御タイプなので，命令実行を主導するのは状態遷移である。もしマイクロプログラム（μP）制御ならば，命令実行を主導するのは，μPである。μPは普通はCPUの中のROMでできた制御メモリの中に格納されている。命令語が主メモリからISRに読み出され，その命令のビットパターンを制御メモリの番地として，制御メモリを読み出す。その番地から始まる　μPの一連のルーチンが，その命令の実行に必要なTGを順次開いて一命令の実行を終る
4）TG;SR0におけるEX0状態のゲート開の条件の中の項目（$\dot{D}\dot{I}$・$\dot{E}\dot{I}$・$\dot{H}\dot{L}\dot{T}$・$\dot{N}\dot{O}\dot{P}$）がある。これら4個のTオペランド不要な命令は，ダミーとしてT部に00---を強制セットする。そのためSR0を開にして有害な結果を招く危険がある。その危険を排除する条件となっている。同様にBITとCMPはTオペランドへのセット動作がないので除外する

作は，それぞれ対応する個別の状態遷移シーケンス表（EX0,EX1の部分）を作成して調べる。その結果をまとめると，表14-2のようになる。スペースの都合により，汎用レジスタR0～R7の入出力TGは代表的なR0,R6,R7のみを表示し，R1,R2,R3,R4,R5を省略している。また通常走行時は常に開で，手動操作時[1]のときにのみ閉となるMAM,TOMはこの表から省いている。

14.4　命令デコーダ（ISRデコーダ）

データ伝達制御を行うための司令塔は状態カウンタであるが，もう1つ副司令のようなものがある。図14-5を見れば，TGを開閉する制御信号は，「状態」と「命令」の組合せ条件で生成されている。

「命令」の条件とは，OPコードが何なのか，アドレスモードが何なのかである。これらは具体的にはそのときにISRに読み出されている命令コードのビットパターンによる。例えばISR上位6ビットのパターンが　0101 00

1　手動操作は，FPGAボードにSEP-Eを搭載したときにデバッグの目的でCPUを部分的に動かす操作である（実習教材解説書参照）

であれば ADD命令である。

このようにISRの所定位置のビットパターン

0101 00	

を見て，それが何命令なのか，何モードなのかを示す（検知する）ゲート群を命令デコーダ（命令解読回路）（図14-5）と呼ぶ。

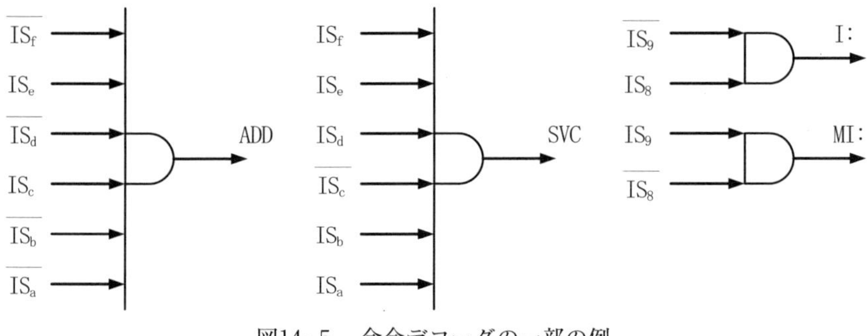

図14-5　命令デコーダの一部の例

【問23】　図14-5にならってHLT命令，CALL命令のデコーダを描け。

14.5　ALU周辺機能

一般にALUはADD,SUB以外の機能（例えばINC,DEC,AND,OR,XORなど）も兼ね備えている。それら諸機能を実行するためのALU回路図を示すのは非常に煩雑なのでここでは省略する（付録Ⅱ参照）。

ALUが兼ね備える諸機能は，各機械語命令のEX状態での演算に対応しているものが主であり，ADD,SUB,INC（Inclement），CMP（Compare），AND,OR,XORなどがある。演算に至る前の準備動作中に選択される機能もある。それはAバススルー，Bバススルーである。特にAバススルー機能は，R7→MARのような頻繁に行われる伝達のときに働く機能である。ALUはどの機能を選択すべきか，ALUパラメータX,Y,Z,U,V,P,Qの7ビットのフラグのビットパターンにより決定される。CPU設計の観点からすれば，データ伝達制御の一環として，ALUパラメータについても表14-２の延長として調べる必要がある。

ALUが何らかの機能選択されて演算結果がSバスへ出力されたとき，同時にそのデータが，演算上から注意すべき結果であるかどうか，すなわち，負値になったか，零値になったか，オーバーフローが発生したか，キャリービットが発生したか，それぞれに対応してN,Z,V,Cのフラグがセットされる。これは専用の回路が行う。N,Z,V,Cの所在は，R5レジスタのビット3,2,1,0である(10.2節の７.PSWの定義を参照)。どの命令を実行したとき，どのフラグが発生する可能性があるのか，それを示すのが命令一覧表（表10-２）の最右の欄の＊印である。

14.6　シフト機能

SEP-EではALUと独立に１ビットシフタを備えている。シフタには５個のパラメータA,P,Q,R,Lがある。これらは，４種類のシフト命令の実行の際に，対応するシフト機能を選択するためのものである[2]。

2　Shift Arithmeticは符号ビットを変化させないでデータビットのみのシフト，Shift Rotationalは符号なしの論理データの右端と左端をつないだ回転シフトである。

15章　入出力動作

15.1　入出力動作とは

CPUが処理するデータの元をたどると，ほとんど全てCPUの外部から入力されたデータである。またCPUが処理した結果のデータは，全て人間や他のコンピュータへ出力され利用されなければ意味がない。このようにCPUにとって入出力動作は不可欠な動作である。

CPUにとって主メモリはデータやプログラムを記憶する装置であり，CPUのデータ処理動作はCPUと主メモリとの間でデータやプログラムの授受の繰り返しによって進行していく。そこで主メモリをCPUの外部装置と見なせば，CPUと主メモリとのやりとりも，ある種の入出力動作と見なすこともできる。

この考え方を拡張し，外部の入出力機器もまた主メモリ装置の延長線上に位置づけ，実際に主メモリと並列にMバスに接続する事例が多い。もちろんMバス自体を外部へ引き出す（図15-１)。

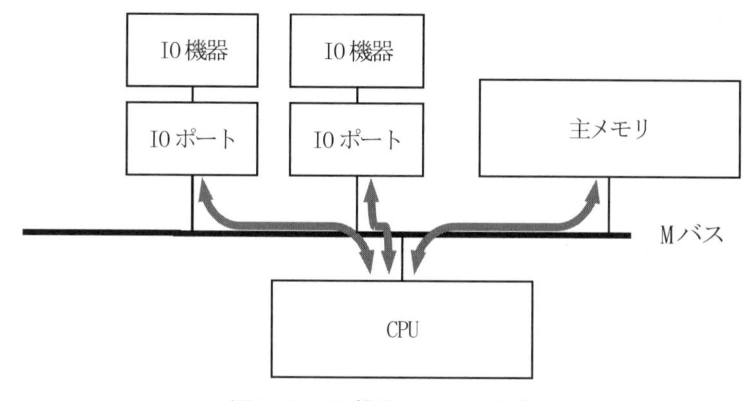

図15-１　IO機器のMバス接続

図15-1において，IOポートとは入出力機器（センサ，キーボード，プリンタなど）とCPUとの間にあってデータ授受の受け渡しを行う仲介レジスタである。このように主メモリと類似した位置づけで接続を行うと，IOポートとCPUとのインターフェイス信号は，主メモリとCPUとのインターフェイス信号に類似のものとなり，番地信号やデータ信号はMバス上で主メモリとIO機器が共通の信号を使用できる（表15-1）。

表15-1　データ伝達制御一覧表

	起動信号	番地信号	データ信号	その他
CPU ⇔ 主メモリ	CS#	Mバスアドレスビット	Mバスデータビット	OE#, WE#
CPU ⇔ IOポート	PS#	Mバスアドレスビット	Mバスデータビット	OE#, WE#

CS：Chip Select　PS：Port Select

注：起動信号CS＃とPS＃が異なるだけで、他のMバス上の信号は主メモリとIOポートで共通である。

実際にコンピュータに接続される入出力機器は，用途によって千差万別である。代表的なIO機器であるハードディスクと液晶ディスプレイでも，個別の内部動作はまったく異なる。ここでは，そのようなIO機器の固有の内部動作には踏み込まず，CPUとIOポートとの間の動作について述べる。

15.2　ダイレクトIO

図15-1のようにCPUがIOポートと1語ずつの単発的データ授受を行う方式をダイレクトIO方式という。これはCPUが外部入出力機器とインターフェイスするもっとも基本的な方式である。後述のDMA方式とかデータチャネル方式とかの大量データを連続的にやりとりする方式においても，最初に起動のため初期設定を行う必要があり，その初期設定のときに使うのはダイレクトIOである。

ダイレクトIO動作では1語のIOデータの授受を行うために，IOポートの起動（PS#発行）とIOポート番号（番地）の指定をせねばならない。その具体的な方法として，大きく分けて２つの方式がある。

・IN命令／OUT命令方式

・メモリマップドIO方式

SEP-Eでは，メモリマップドIO方式を採っているため，IN/OUT命令は持っていないが，順序として，基本的なIN命令／OUT命令方式から説明する。

15.3　IN命令／OUT命令方式

SEP-EではIN命令，OUT命令を持っていないが，仮に持っていたと仮定したら，図15-２のような命令フォーマットで，その動作はMOV命令に類似しており，表15-２・３のような動作を行うと考えられる（SEP-Eでは同じ動作を，メモリマップドIOとMOV命令（Move）を組み合わせて行う）。

OP　SOP	Fオペランド	Tオペランド
IN	m m r r r	m m r r r
OUT	m m r r r	m m r r r

図15-２　IN/OUT命令の想定されるフォーマット

表15-２　IN 命令（仮定）の状態遷移シーケンス

IN, I3 : I2(R3 で指定するポートからデータを入力し R2 で指定するメモリ番地へ入れる)

状態	データ移動指示／条件	状態遷移指示／条件
IF0	R7→MAR	IF0 →IF1
IF1	CS#, OE#, Memory→ISR,　R7+1→R7	IF1 →FF0
FF0	R3→MAR・F0／I3:	FF0→FF1／Ḋ:
FF1	**PS#／IN 命令　ポートX＊→F0／IN命令**	FF1→TF0
TF0	R2→MAR・T0／:I2	TF0→TF1／:Ḋ
TF1	CS#, OE#, Memory→T0	TF1→EX0
EX0	F0→T0／IN 命令	EX0→EX1／:Ḋ
EX1	CS#, WE#, T0→Memory	EX1→IF0

*ここでのポート番地XはMAR(←R3)で指定される。事前にR3へポート番地Xを入れておく

表15-３　OUT命令（仮定）の状態遷移シーケンス

OUT,I3 ： I2　(R3で指定するメモリ番地のデータを、R2で指定するポートへ出力する)

状態	データ移動指示／条件	状態遷移指示／条件
IF0	R7→MAR	**IF0 →IF1**
IF1	CS#,OE#,Memory→ISR,　R7+1→R7,	**IF1 →FF0**
FF0	R3→MAR・F0／I3:,	**FF0→FF1**／$\dot{D}$:
FF1	CS#,OE#,Memory→F0／I3:,	**FF1→TF0**
TF0	R2→MAR・T0／:I2,	**TF0→TF1**／:$\dot{D}$
TF1	**PS#,OE#／OUT命令**	**TF1→EX0**
EX0	F0→T0／OUT命令、	**EX0→EX1**／:$\dot{D}$
EX1	**PS#,WE#,T0→ポートY *╱OUT命令**	**EX1→IF0**

＊ここのポート番地YはMAR(←R2)で指定される。事前に(←R2)へポート番地Yを入れておく。

【問24】　表15-２・３の場合は，IOポート指定のアドレスモードmmは間接アドレス指定に強制される。直接アドレスモード指定では何が不具合か？

15.4　メモリマップドIO方式（SEP-Eで採用している方式）

メモリマップドIO方式はIOのための専用命令（IN,OUTなど）を用意せず，特定の主メモリ番地をIOポート番地へ自動的に切り替える方式である。SEP-Eはこの方式である。具体例で説明すれば，主メモリ番地$FF00_h$～$FFFF_h$番地（最奥の256_d個の番地）をアクセスすると，ハードウェア回路が自動的に主メモリ番地ではなく，256個のIOポート番地へのアクセスへ切り替えてしまう（その陰で主メモリ番地FF00～FFFFは常に無視され，結果的に実使用されないままとなる)。ハードウェア回路は，図15-３に示すようにMARの上位８ビット（f～８）のビットパターン全１を常に監視し，主メモリアクセスのためにCS#（Chip Select）を発行するか，IOポートアクセスのためにPS#（Port Select）を発行するかの二者択一を行う。

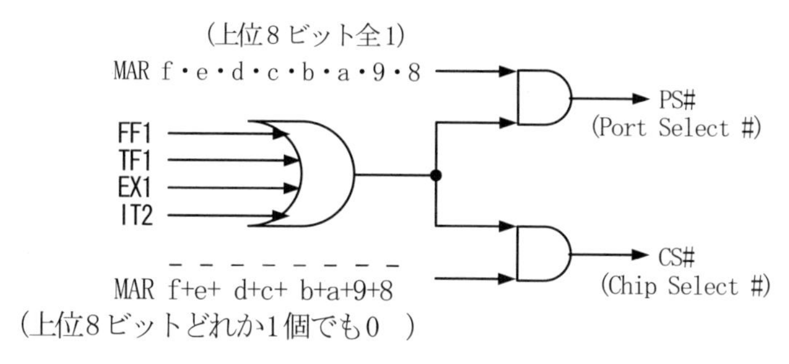

図のOR入力のIT2は後述の割込受付状態

図15-3　メモリマップドIO切り替え回路(CS#,PS#切り替え)

IN/OUT専用命令はまったく使わず，既存の命令をそのまま何も仕様変更せずに使う。ただ主メモリ番地の読み替えだけを行う。具体例で説明すると，IOポートFF03番地から汎用レジスタR4へ入力動作を行うならば，例として，事前に汎用レジスタR0へ即値FF03を入れておいて，MOV,I0：D4という通常のMOV命令を実行すれば入力動作が達成される。事前準備も含めて書けば次のようになる。

MOV,IP7：D0	命令次番地にある即値をR0に入れる（事前準備）
FF03	即値＝FF03　これはメモリマップド番地
MOV,I0：D4	IOポート03番地からR4へ入力

MOV命令で，メモリマップド番地が，Fオペランドにあらわれると該当ポートからの入力動作となり，Tオペランドにあらわれると該当ポートへの出力動作になる。

メモリマップドIO方式の長所は次の諸点である。

（1） 既存命令フォーマットを何ら変更せずにIO動作が行える。したがって状態遷移やレジスタ間伝達の制御条件もまた従来のまま簡潔性を維持できる。

（2）　メモリマップドIOはMOV命令に限定されない。AND，OR，XOR，BITなどの命令でIOポートを直接アクセスしてIOポート内のビットセット／リセットやビットテストが可能である。

（3）　IOポート数としては比較的余裕（256個）があるので，真にIO動作のためのレジスタでなくとも，例えば次章で説明するような割込みリクエストレジスタや割込み受付認識レジスタなどのような汎用レジスタではない特殊目的のレジスタを一種のIOポートとして吸収する余裕がある。その場合にも命令レパートリに何ら余計なものを追加せずに特殊レジスタへのビットテストなどの動作が行える。

15.5　DMAチャネル（Direct Memory Access）

ダイレクトIO方式（IOポート方式）やメモリマップドIO方式は，IO機器がセンサや表示ランプや低速通信回線のようにデータ授受が間欠的な場合にはうまく機能する。すなわち1語のデータを授受するのに1個のCPU命令が余裕を持って対応できる。しかしハードディスク（HDD）や高速通信回線とのデータ授受では，大量のデータが高速連続に殺到するので，CPUのプログラムが速度的にこのデータ授受に対応しきれない，または，それだけに忙殺される。これら大量高速連続データの授受は，図15-4のように，CPUを介さずに外部機器と主メモリとの間で直接やりとりさせる方が効率的である。このための装置をDMA（Direct Memory Access）チャネルと呼ぶ。Directの意味は，CPUを介さないという意味である。

CPUはDMAに対してダイレクトIO命令あるいはメモリマップドIO命令を使って初期設定と起動命令を出せば，その後はDMAチャネルと主メモリとが直接にデータ授受を行い，最後にCPUへ終了報告を返してくる（次章の割込みを参照）。DMAの初期設定に必要な動作は，DMA入出力の先頭番地の設定，およびDMAでやりとりするデータの総量などである。

DMAが起動してしまえば，CPUは独立に別のプログラムを処理することが

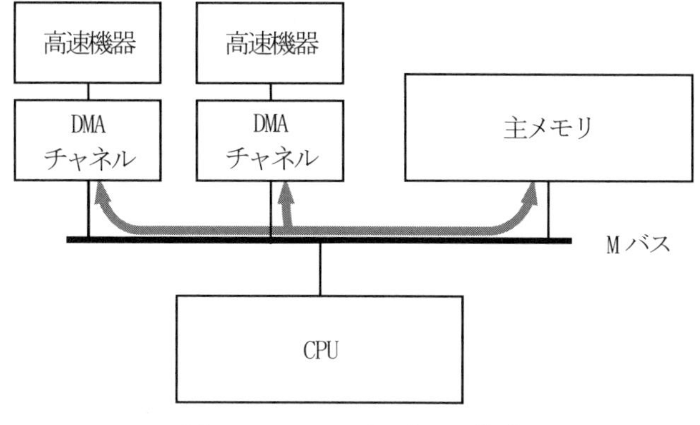

図15-4 DMAチャネルの接続

可能である。DMAはHDDや高速通信接続を行うパソコンやサーバには不可欠であるが，SEP-Eの場合はリアルタイム制御用の埋め込み型マイクロプロセッサを想定しているので，DMAチャネルの接続は想定していない。

一般に，DMAチャネルを接続していると，CPUは主メモリをアクセスしようとしても，折悪しくDMAからの主メモリアクセスと競合して，待たされることが起こりうる。そのようなシステム構成の場合は，CPUの命令実行の状態遷移を設計しなおして，主メモリからのアクセス受け入れ応答信号を待ってから先の状態へ進むように変更する必要がある。

15.6 データチャネル方式 （またはIOプロセッサ方式）

データチャネル方式は，IBM汎用計算機に多く使われている方式である。データチャネル方式は，DMAチャネルよりも古くから存在しており，またDMAチャネルよりもCPUと独立して動作する機能が多い。その意味でデータチャネルは，CPU（セントラルプロセッサ）と並んでIOP（IOプロセッサ）とも呼ばれる。データチャネルには，高速IOと専用にデータ授受を行うセレクタチャネルと，複数の低速IOと多重にデータ授受を行うマルチプレクサチャネルがある。

データチャネルは，物理的に離れた位置に記録されている複数グループ（nレコード）のデータを，CPUの仲介なしに（初期設定はCPUが関与するが）高速に入出力する。離れた位置の複数グループという意味は，ハードディスクでいえば，異なるトラックにまたがっていることも許容するという意味である。一連の入出力動作の中には，読み書き動作の他にもトラックシーク動作なども含まれることを意味する。これら一連の動作を，CPUの仲介なしに実行するために，データチャネルの中には，チャネルプログラムと称する入出力動作専用のプログラムを内蔵している。そのチャネルプログラムは，CPUからデータチャネルへ初期設定され，その後にCPUからの起動命令（スタートIO命令）で起動すると，後はCPUと独立に走行する。

16章　割込み（Interrupt）

16.1　割込みとは

割込みとは次のような動作をいう。これはコンピュータにマルチタスク処理（外見上の多動作並行処理）をさせる上で不可欠な機能である。

（1）　あるユーザプログラムが走行している

（2）　その途中で外部から別の信号がコンピュータに入来する。コンピュータもユーザプログラムもあらかじめ入来しうる信号の種類は承知しているが，それが実際にいつ入来するかは予測できない状況にある（具体的な入来信号の例として「タイマーの合図」，「人間が押すキーボード信号」，「他のコンピュータが送ってくる信号」，「入出力機械の動作が終了して次の命令を待つ合図」などが入来する）

（3）　その信号が入来すると，コンピュータは走行中のユーザプログラムをいったん中断し，代わりに入来した信号を処理するプログラムをただちに走らせる（これが割込みという言葉の所以である）

（4）　割込み信号処理プログラムは短い時間に終了するように組まれている。よって短時間に処理を終える。するとコンピュータはいったん中断していたユーザプログラムへ戻り，続きを再開する

（5）　当然ながらユーザプログラムはいかなるところで中断されても，正確に再開されねばならない。そのための最低条件として走行中のユーザプログラムは，1個の機械語命令の途中で中断されることはなく，キリのよいところ，すなわち必ず1個の命令の実行処理（EX）が完了し，次の命令のフェッチが始まるところ（IF0）で中断される

（6）　割込みを生起する信号のことを割込み要因と称し，一般には複数個の要因がある。コンピュータの設計を行う時点で，どういう要因が存在する

のか，あらかじめ洗い出しておく

（7）　複数の割込み要因が同時に入来したときには，その中で互いの優劣順位があらかじめ定められていて順位の高いものから先に処理を行う

（8）　低い順位のものが時間的に先に入来すると，その処理プログラムがまず走り出す。その処理がまだ終わらぬうちに，高い順位の信号が入来すると，低い割込み処理を中断して順位の高い割込みルーチンが走り出す。この場合，割込みレベルが2レベルあると考える。図16-1でユーザプログラムは上から下へ進行する。その途中で割込み要因#1の入来により強制的にジャンプ（CALLに相当）（図の中の右向き点線）を発生するのが割込み処理である。この処理を実現するために専用ハードウェアが用意されている。左へ戻る点線の動作は割込みルーチンの最後にあるRETI命令によるリターン動作である

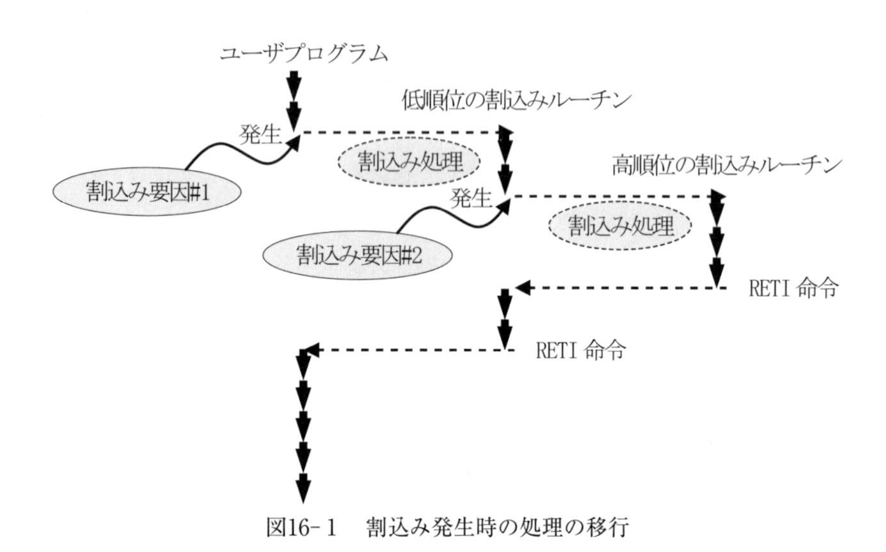

図16-1　割込み発生時の処理の移行

（9）　ユーザプログラムは入出力機械（IO）の取り扱い（起動，データ授受，終了，停止など）をOSに依頼するのが普通である。IOの取り扱いは機械の物理的なタイミングにリアルタイムに拘束されるので，この取り扱

い途中に他の割込み信号で邪魔されることは避けたい。そこで，IO処理プログラム（すなわちOSの一部）自体をある高いレベルの割込み順位として位置づけ，他の割込みで邪魔されないようにする。つまりOSが走ることは１つの割込み処理動作とも見なされる。このような場合，つまりユーザプログラムがOSに対してIO処理を依頼すること自体が，１つの割込み要因に相当する。この場合は外部信号の入来とは異なりユーザプログラムは自分でそれを作り出す。その意味でこの動作を外部割込みと区別して，「内部割込み」と呼ぶこともある

具体的にはユーザプログラムがSVC命令（Supervisor Call）を実行すると，OSの入口をコールし，同時に他の割込みを待たせるフラグ（IMKフラグ）がセットされる。

16.2　SEP-Eの割込みレベル　（割込み順位）

SEP-Eは，多くの外部信号を扱う組込み型プロセッサなので，外部割込みレベルは最大で16レベルまで設定できる。この他に16.1節の（９）で述べている内部割込みSVCがある。SVCは外部割込みとレベルの優先度の比較をしないところでプログラム的に生起するので，16レベルの優先度の枠外にある，あるいはより上位にあるとも考えられる。

16.3　割込みポート

外部割込み要求を受付け，それぞれの優先度レベルに対応した選別処理を行ってCPUへ割込み要求信号を発行する制御装置を割込みポートと名付ける。これを第15章のIOポートの１種としてMバスに接続する外部装置と位置づける。割込みポートは，割込み要因信号を受付けると，CPUに対して割込み要求信号INT# をMバス経由で発行する（図16-２参照）。

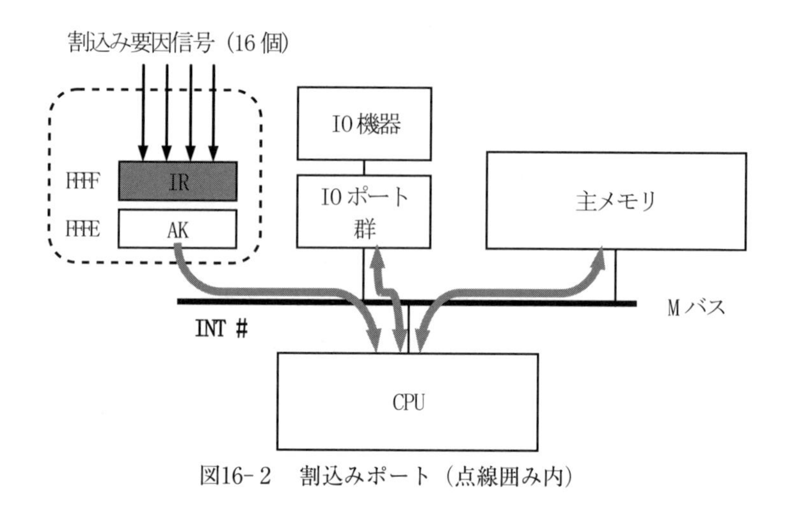

図16-2　割込みポート（点線囲み内）

割込みポートはFFFF番地,FFFE番地（メモリマップドIO番地に対応）の2個の16ビットレジスタを持つ。各ビットは各レベルに対応する。これらは割込み要因受付レジスタIR（IT Request）および受付認識レジスタAK（Acknowledge）である。

割込みポート内で行う制御，すなわち割込み要因入来から優先度選定を経てCPUへINT#信号を送出し，CPU内で対応する割込みルーチンが走行するまでの制御を，次の状態遷移図を基に考えてみる。この状態遷移図はある1個のレベル（割込みレベルF）の要因に着目したものである。

図16-3はある1つのレベル（レベルF）に対応する3個の状態を示す。SEP-Eは16レベルを持てるから，その場合はこの図が紙面に垂直に16段重なって存在するようなイメージである。各レベルはバラバラに独立しているのではなく，“上位IT走行なし”という条件が満足されないと遷移が発生しないから，各レベルは上位レベルの状態の影響を受けている。3個の状態には，IRとAKの対応ビットが，(0,0) → (1,0) → (1,1) と変化して対応している。IR→1になる変化は要因信号を受信したハードウェア回路によるが，その他のIR,AKのビット変化は，ITルーチンの中のCPU命令により行われる。既存

命令では，IRレジスタやAKレジスタをセット／リセットする命令はないように見えるが，IR,AKはIOポートの１種（ポートアドレス；FFFF,FFFE）と定義したので，第15章で説明したメモリマップドIOを使えばAND,OR,XOR命令などを使ってビット対応のセット／リセットが行える。

図16-３でITA信号が発生した後，対応するレベルの割込みルーチンへいかにして移行するのか，これは16.7節の割込みベクトルで説明する。

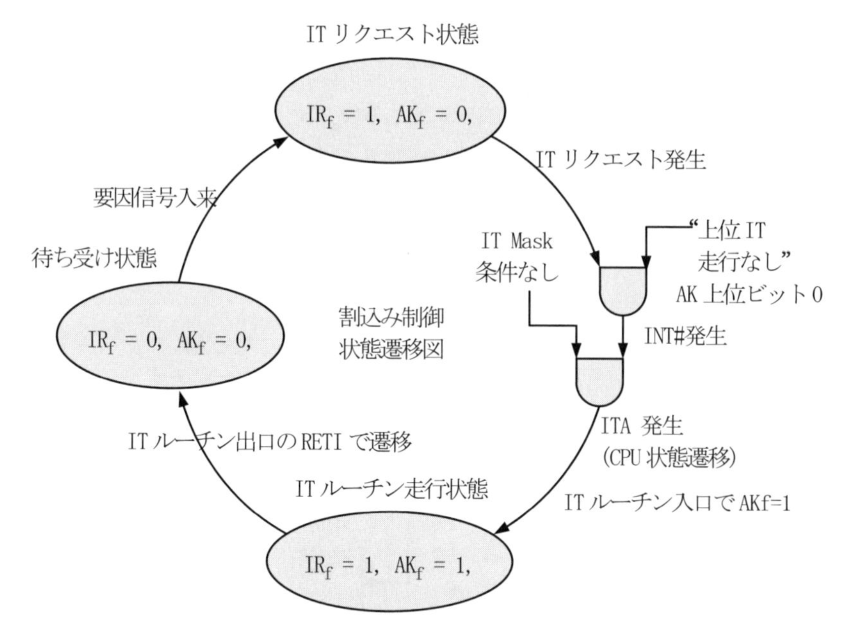

図16-３　割込みポート内での状態遷移（割込みレベルFの例）

16.4　割込み受付けと割込みマスク

割込み要因の発生頻度は，コンピュータの走行速度から考えると，相対的に低い頻度である。したがって割込みのほとんどは，孤立して発生してそのまま孤立して割込み処理を受けて終了する。

しかし，まれに複数の要因が連続的に発生したり，同時に発生したりすることがありうる。そのときに混乱せずに処理を行う仕組みがいる。その１つは，割込みのレベル分けである。図16-３の右位置に「上位IT走行なし」のANDゲートがある。このゲートが下位のITの通過をここで阻止するので，下位ITはITリクエスト状態のまま遷移できずに待たされる。もう１つの仕組みは，「IT Mask条件なし」のANDゲートである。ここで後続割込みの一時阻止（マスクという）を行う。割込みは，いったんリクエストが受け付けられたら，あるミニマムの一定期間はレベルを問わず後続の割込みリクエストを待たせる必要がある。その目的のためにCPU内に割込みマスクフラグ IMK を図16-４のように設ける。すなわちINT#が入来し，割込み発生信号 ITA を出そうとして

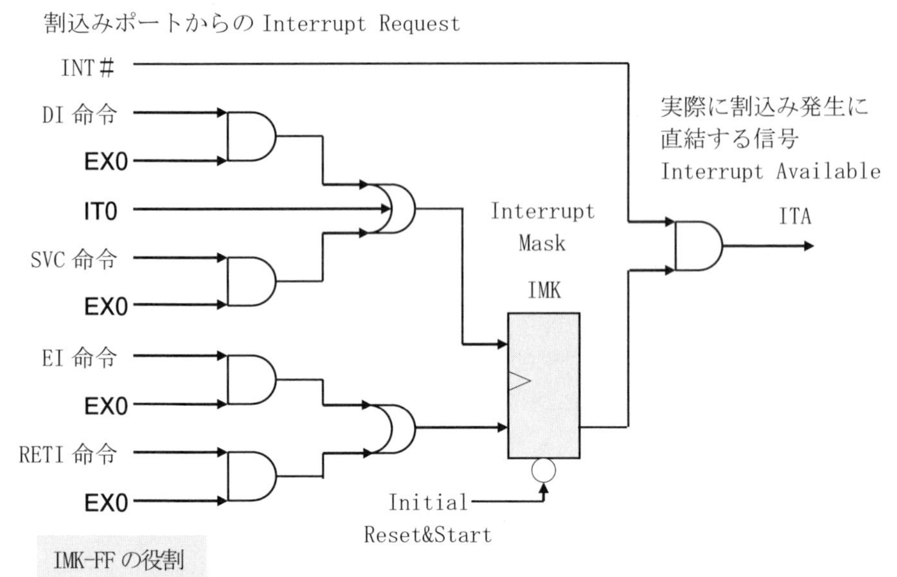

IMK-FF の役割
1. INT#が入来してもITA発生を抑止（即時連続割込みを避ける）
2. 割込み受付けの状態遷移 IT0 でセット（IT0 については図16-6を参照）
3. DI命令,あるいはSVC命令の実行でもセット（DI：Disable Interrupt）
4. EI命令,あるいはRETI命令でリセット（EI：Enable Interrupt）

図16-４　割込みマスク IMK

も，一時それを抑える必要があるとき（例えばすでに直前に別の割込みが発生してその処理の途中のとき），前の割込みがIMK をセットしておく。IMKはレベルに関係なく全てのレベルの後続の外部割込みをいったん抑止する。

16.5　割込み発生のメカニズム

割込み有効信号（ITA）が発生すると，そのとき走行していたユーザプログラムの，そのとき実行されていた命令のEX状態が終了し，次の命令のフェッチを準備するIF0状態に入ったところで，分岐判断がなされ分岐が発生する。すなわち，ITA=0ならばIF0→IF1へと通常通りに遷移するが，ITA=1ならば別に用意する割込み処理のための状態IT0へ遷移する（IT0以下の説明は次節）。

INT#信号が入来していても，すでにIMK=1（先に割込みがある）になっていれば割込み有効信号（ITA）は発生せず，INT#は"1"信号として入来したままIMK=0になるまで待つこととなる。

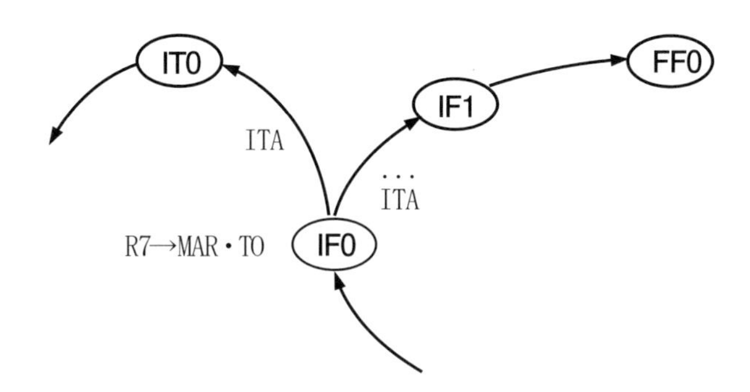

(注) IF0において、R7をMARのみならずT0にも伝達する動作は、IT0へ分岐が発生したときの準備動作である。分岐しないときでも支障は起こらないので、今後はこれをIF0で常に実施することとする。

図16-5　IT0への遷移

外部からの割込みとは異なり，ユーザプログラムの内部から発生するSVC命令の場合は，SVC命令が実行される過程の中でユーザプログラムはOSへバトンを渡す準備をしており，またOSの中のどの番地へ飛び込むのかの準備も済ませている。したがって何の用意もなく突如割り込む外部割込みとは異なってINT#信号も割込み有効信号も発生する必要がない（要するに割り込む必要がない)。単にSVC命令の中の**EX0**でIMK=１にセットし，他の割込みによる擾乱（＝再割込み）を受けないようにして，**EX1**でF0→R7/SVCを行えば，通常通り次の命令実行サイクルすなわち **IF0→IF1→FF0→**へ進めばよい。次命令はすなわちOSのIO処理の入口になっている。

16.6　割込み処理

INT#によりITA信号が発生した場合は，次命令の所在番地（戻り先番地）をスタック（(R6)）に待避して，割込みルーチンの先頭番地（固定番地）へ飛ぶ。この動作を行う状態遷移を図16-６に示す。

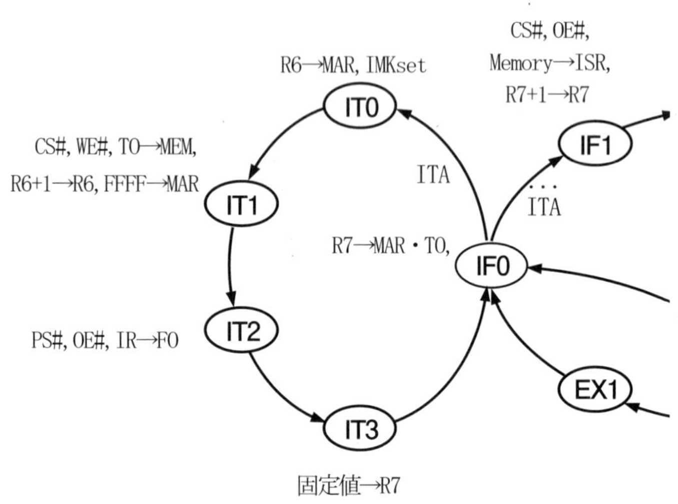

図16-６　IT処理サイクルの状態遷移図

割込み処理とは，ITAが発生してそのとき走行している命令シーケンスの途中に急遽割って入り，次命令へいくはずの転轍機を切り替えてしまう動作である。具体的には，IT0,IT1,IT2,IT3において元来予定されていたR7の値をスタックへ待避させ，新しい別の固定値（割込みベクトル）をR7へ入れて，IF0へ戻る。

表16-1　割込み処理の状態遷移シーケンス

状態	データ伝達指示	次の状態への遷移指示
IF0	R7→MAR・TO	IF0→IF1／$\dot{I}\dot{T}\dot{A}$ IF0→IT0／ITA
IT0	R6→MAR, IMK set	IT0→IT1
IT1	CS#, WE#, TO→Memory, R6+1→R6, FFFF→MAR	IT1→IT2
IT2	PS#, OE#, IR→F0（メモリマップドIOにより、FFFF番地は割込みポートIRレジスタへのアクセスPS#に切り替わる）	IT2→IT3
IT3	固定値0018→R7, 0018をつくる論理は次節参照。そのためにIT2でIRをF0へ読み出す	IT3→IF0 （命令フェッチへ戻る）

割込み遷移シーケンスの説明を示す。

（1）　IF0状態では，R7→MAR・TOを行う。R7をTOにも同時に載せることは，通常の命令フェッチでは不要なことであるが，これを常時やっておくと，ITAが生起してIF0→IT0への分岐が発生したときに効果がある。IT0では素直に考えると，R6→MARとR7→TOを同時にやりたい。しかし，Sバス上で両者が競合するので，片方しかできない。そこでR7→TOを前倒ししてIF0で行う。IF0から次の状態への遷移は，ITAが1か0かにより，2分岐する。通常ほとんどはITA=0であるからIF1へ遷移する。しかしITA=1が発生していると，IT0へ遷移する。以下はIT0へ遷移したケースを説明する。

（2）　以下IT0,IT1,IT2,IT3は一本道で，IT3の後はIF0へ戻る。まずIT0ではMARをR6で上書きする。同時に割込み抑止フラグIMKがセットされる。この後しばらくの間は後続の別の割込み要因が生起してもITA=1となる心配はない。割込みルーチンの最後にあるRETIが実行されるまでは

IMKはセットされたままで，他の後続要因による割込みを抑止する。

（3）次にIT1ではメモリ書き込みを実施する。この結果（R6）番地へR7が格納される。すなわちスタックポインタR6がポイント（指し示す）するメモリ番地へ次命令番地R7が格納される。これは将来割込みルーチンが終了して再びユーザプログラムへ戻るための戻り先番地を記憶するためである。同時にR6+1→R6を実施して次に引き続いて起こる待避動作に備えてスタックのポイント先をインクリメントしておく。また同時にMARに番地FFFFをセットする。この番地はメモリマップドIOの効果により，割込みポート内のIRレジスタを指定する。

（4）IT2ではFFFF番地すなわちメモリマップドIOによりIRを読み出し，FOレジスタへセットする。IRレジスタは，割込みポートにあるので，これをCPU内部にあるFOへ移す。さもないと，次に行う固定番地の生成をCPUの外部にあるIRのビットパターンに頼ることとなり，不便である。

（5）最後にIT3ではR7に新しいジャンプ先番地（すなわち割込みルーチンの先頭番地）をセットする。このジャンプ先番地は割込み要因（IRに対応ビットが立っている）によってあらかじめ固定されている。表16-1は一例として0018番地を発生している。この固定番地発生のために，あらかじめ（4）でIRをFOへ読み出し，割込み要因が何なのかCPUが知ることを可能にする。次節で詳細説明する。

（6）IT3からIF0へ戻ると割込み抑制フラグはIMK=1にセットされているから，後続ITAは抑止される。したがってIF0→IF1と通常の命令の状態遷移を行う。すなわち固定番地（表16-1の場合は0018番地）がR7に乗っているから，その番地をMARに乗せて命令フェッチを開始する。

16.7 割込みベクトル

SEP-Eには最大16レベルの外部割込み要因があり，対応して16個の固定番地がある。固定番地は対応する割込みルーチンの先頭番地となるはずの番地である。先頭番地は割込み処理の最後の状態IT3でハードウェアで発生せねばならない。しかし，図16-7に示すように，16個の割込みルーチンはそれぞれ独自の割込み応答プログラムなので，ステップ数も大小まちまちであり，ときには更新されることもある。すると先頭番地も不規則な値になり，途中で変更され，ハードウェアで発生するのは困難となる。

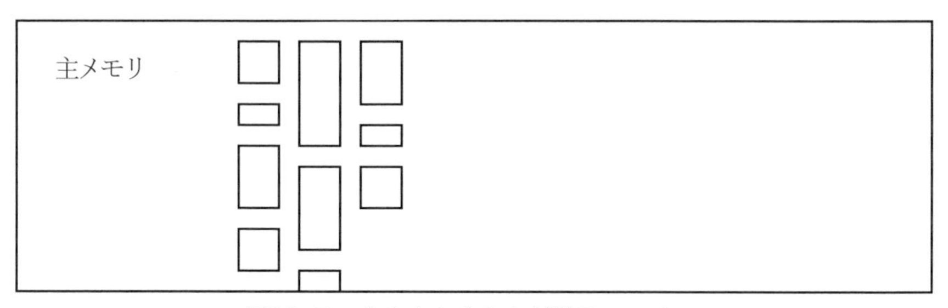

図16-7 大小まちまちな割込みルーチン

そこで表16-2に示す一定の規則的に並んだ先頭番地へいったん飛び込み，そこを踏み台としてすぐにJP命令で上記のまちまちな番地へジャンプする。JP命令は即値で番地を作るので，まちまちな番地でも困難はない。

表16-2に示すように，固定番地は，単に要因と1:1に対応しているのではなく，上位の要因ビットの存在がない場合にのみ対応番地が生成される仕組みとなっている。この表ではロジックが分かるようにIR_F,IR_Eなどの表記をしているが，実際にはIRレジスタは割込みポートの中にあるので，CPUにとって直接論理配線接続できない。そこで実際には表14-1のIT2状態の動作により，IRレジスタ1式をFOレジスタへ読み込んでおり，表16-2のIR_F,IR_E,IR_D,……などは実際にはFO_F,FO_E,FO_D,……などと読み替える。

表16-2 規則的に並んだ先頭番地（割込みベクトル）

割込み要因	固定番地	番地発生ロジック
IR_F	001E	IR_F
IR_E	001C	$\ddot{IR}_F \cdot IR_E$
IR_D	001A	$\ddot{IR}_F \cdot \ddot{IR}_E \cdot IR_D$
IR_C	0018	$\ddot{IR}_F \cdot \ddot{IR}_E \cdot \ddot{IR}_D \cdot IR_C$
IR_B	0016	$\ddot{IR}_F \cdot \ddot{IR}_E \cdot \ddot{IR}_D \cdot \ddot{IR}_C \cdot IR_B$
IR_A	0014	$\ddot{IR}_F \cdot \ddot{IR}_E \cdot \ddot{IR}_D \cdot \ddot{IR}_C \cdot \ddot{IR}_B \cdot IR_A$
IR_9	0012	以下同様
IR_8	0010	
……	000E	

表16-2のように2番地飛びに規則的に並んで踏み台となっている固定番地群のことを割込みベクトルと呼ぶ。踏み台番地には，踏み台からその先へ飛んでいくJP命令が表16-3のように入っている。

表16-3 踏み台番地に入っているジャンププログラム群

....	....
0018	JP, IP7 : D7
0019	XXXX
001A	JP, IP7 : D7
001B	YYYY
....	....

即値XXXXやYYYYが，真の割込みルーチンの先頭番地である。

【問25】 JP，IP7：D7の代わりに　MOV，IP7：D7とすると何が不具合か？

16.8　割込みルーチン（ソフトのルーチン）の動作

前述の踏み台となる割込みベクトルを経由して真の割込みルーチンが始まる。踏み台を経由してもR7以外の汎用レジスタもPSWフラグ（R5）もまだ割込み直前のユーザプログラムのときから変化していないことに留意したい。真の割込みルーチンの先頭命令のIF0状態が開始されると，通常の命令フェッチサイクルが回り始め，通常のプログラム走行が始まる。ただユーザプログラムが走行していた場合と１点だけ違う点がある。それは，IT抑止フラグ：IMK＝１となっていることである。そのため後続の他の割込みが抑止される。

割込みルーチンの先頭命令では

PUSH,D5：IP6（FオペランドのD5：はPSWを指すことに注意）

を実行して，元のユーザプログラムで残っているPSWを，スタックがポイントする番地へ待避する。さらに続いて元のユーザプログラムで残されている汎用レジスタ群（R0〜R4）の待避を行う。

PUSH,D0：IP6
PUSH,D1：IP6
PUSH,D2：IP6
PUSH,D3：IP6
PUSH,D4：IP6

R6は統一してスタックポインタに使用するから待避せずともよい。R7は真っ先にハードで待避済みである。以上でR0〜R5までの６個のレジスタの待避ができる。そのあとAKレジスタの対応ビットを１にセット（後続の割込リクエストとのレベル優劣判定のため）としてITルーチンの入口処理を終わる。

【問26】　R0〜R4の退避に先だってR5を退避させるのは，なぜか？

【問27】　R6を退避させると何か不具合があるか？

この後で割込みが発生した真の目的に対応するプログラミングを行う（例えば，IOポートからセンサ信号を読み取るなど）。真の目的とする割込みプログラム部分が終了すると，元のユーザプログラムへリターンするが，その前にIR，AKレジスタの対応ビットをリセットし，上記で待避していた6個の汎用レジスタを元の値に戻してやる。すなわちスタックから退避のときと逆順に呼び戻す。

POP,MI6：D4

POP,MI6：D3

POP,MI6：D2

POP,MI6：D1

POP,MI6：D0

POP,MI6：D5

スタックに積み重なった待避データを逆順序で引き出すのにアドレスモードMI6：がうまく活用されている。この状況を図16-8に示す。

図16-8は前記の6個の退避命令の最後のPUSH,D4：IP6が終わった時点のスタックの状況を示す。これは上記の6個の復元命令の先頭のPOP,MI6：D4が始まる直前の時点の状況でもある。6個のPOP,MI6：Dx命令により6個の汎用レジスタが復元される[1]。

これで元のユーザプログラムが中断された時点でのCPUの状態がほぼ復元できた。残るはR7レジスタの内容として，中断されたときにスタック先頭番地に待避したユーザ次命令番地を復元することである。そこでこのルーチンの最後の命令としてRETI,MI6：D7を実行すると次命令番地がR7へ復帰する。

この命令はRET,MI6：D7でもよいかのように見える（事実，割込みルーチ

1　一般に割込みされたプログラムのレジスタを退避(PUSH)させる場所は，スタックポインタ＝R6が指し示すメモリ番地である。退避が繰り返される都度，スタックポインタの値は+1される。逆に退避先番地からレジスタへ戻す(POP)場合は，スタックポインタを-1しつつ引き出してくる。この場合，最初に退避したものは最後に戻ることとなり，これをFILO(FirstIn-LastOut）という。メモリ番地はPUSHごとに下へ進み，POPごとに上へ進むので，STACK（積み草）を積んだり崩したりする感覚とは上下感覚が逆となる

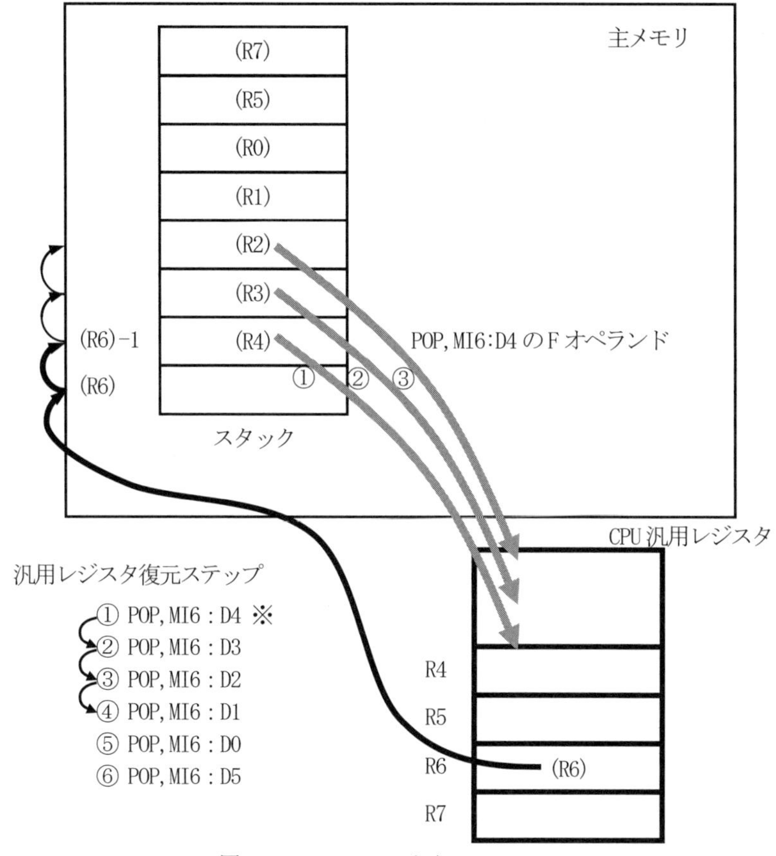

図16-8　スタックからのPOP-UP

ンではなく，単なるサブルーチンから復帰するときはRET,MI6：D7命令で復帰する)。しかしRETIにはRETにはない特殊な機能が1つある。それが割込みルーチンから元のユーザプログラムへ復帰するときの必須の機能，すなわち，IMK をリセットすることである。割込みルーチンは無事終了したのだからもう後続の他の割込みが入ることを抑止する必要はない。逆にいうと，ここでIMKをリセットしてやらないとIMKはこの後リセットする機会がない（手動の全リセットボタンはあるが)。さもないと後続の割込みは永久に成立しないことになってしまう。

RETI,MI6：D7の次の命令は，通常であれば（後続して２度目のITAが再度＝１にならなければ）中断していたユーザプログラムの中断直後の命令となる。つまり，割込み発生点へ戻るとともにそのときのプログラム環境（汎用レジスタとPSW）を完全に元通りに復元した上で，ユーザプログラムが再開される。

16.9　多重割込み

時間的緊急度の異なる多くの割込み要因がある場合は，ある１つの割込みルーチンが走行している期間中に，より緊急度レベルの高い別の割込み要因が発生するかもしれない。そのとき先に走行している割込みルーチンを中断して

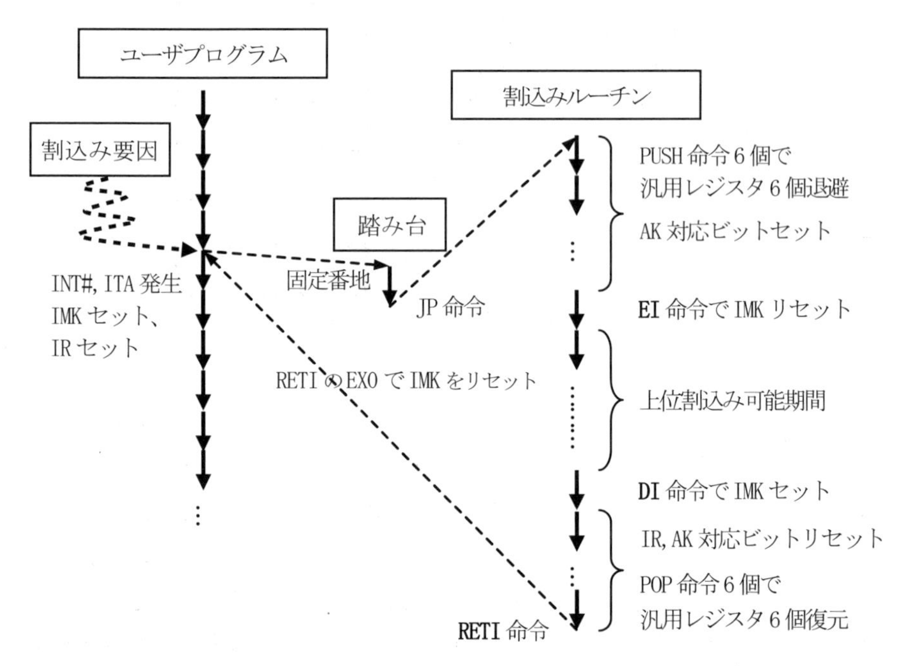

図16-9　多重割込みのための割込みルーチン側の準備

でもレベルの高い割込みを受け入れる必要がある。そのときは16.8節で述べているように割込みルーチンの最初から最後までIMKフラグをセットしている状態では上位割込みを拒否するのでまずい。しかし１つの割込みルーチンが発生した直後や，リターン準備をしている途中，つまりレジスタの退避や復元を行っている途中で上位レベルの割込みを許すと，退避／復元が乱れてしまうので，レジスタ退避中，復元中の時間帯ではやはりIMKはセットしておきたい。したがって図16-９に示す期間においてIMKをリセットして上位レベルの割込み可能な時間帯を作ることにする。その目的のためにEI（Enable Interrupt）命令とDI（Disable Interrupt）命令とがある。

16.10　まとめ：メモリマップと割込み処理を含む全体の状態遷移図

SEP-Eの主メモリには，割込みベクトル，レジスタ退避用スタック，メモリマップドIO用に，特定のメモリ番地が図16-10のように確保されている。
〔実験機では試作プログラムで起動する場合が多いので，リセット/スタート信号で，
“0100”番地を，実用機ではブートローダ用外付けROMの番地“FF00”をセットする〕

番地	領域
0000–001F	割込みベクトル(32 番地)
0020–00FF	レジスタ退避スタック(224 番地)
0100–FEFF	システム/ユーザプログラム領域
FF00–	メモリマップドIO振替番地(AK, IR, を含め256 番地)
FFFE	AK
FFFF	IR

図16-10　メモリマップ

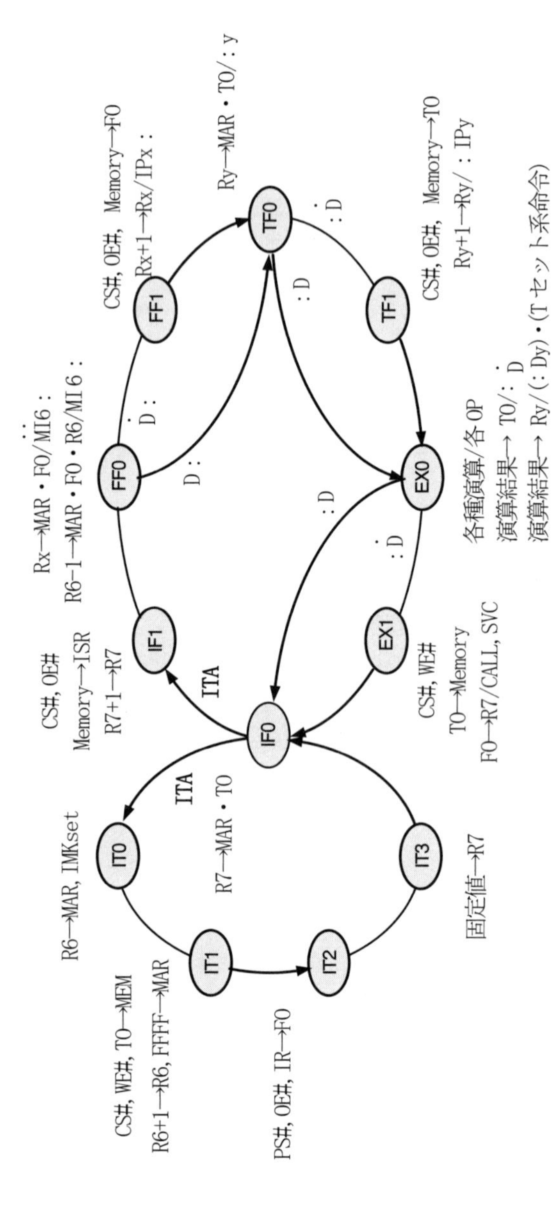

図16-11　SEP-E CPU 全体状態遷移図

17章　CPUの高速化技術

17.1　高速化のニーズ

CPUの具体例として説明してきたSEP-EはCPUの動作を簡明に理解できるモデルとして考えたものである。その結果，単純な動作を逐次進める方式になり，キャッシュメモリとか，パイプライン式実行などの演算高速化に寄与する技術は使っていない。しかし市販されているコンピュータでは，実行速度を早くすることが，その時点での市場競争力に直結するから，現実にはいろいろな手段を使って実行速度を上げている。そのために，アーキテクチャの簡単さは失われ，ハードウェアの量的な増加をともなう。それでも半導体の進歩がそれらの欠点を十分に覆いかくすので，商品の競争力向上に寄与している。それら高速化のために考案された技術について触れる。

17.2　クロックの高速化

CPUの高速化技術としては，忘れられることが多いが，クロックの周波数を高速化することはもっとも直截な高速化手段である。しかしクロック周波数を上げることは簡単なことではない。CPU内部のレジスタからレジスタへ伝達される信号はどのような途中経路をたどっても，必ず次のクロックパルスが入る以前に次段の入力端子まで到着しておらねばならない。逆にいうと，クロック周波数はこの信号伝達速度に制約されている。この制約を改善するには，途中のゲートすなわち半導体論理回路素子の信号伝達速度を向上させる必要がある。それは半導体回路の寸法に反比例している。これらクロック周波数の問題は，純粋なハードウェアの問題であって，アーキテクチャとかソフトウェア技術とは別の問題である。過去のコンピュータ産業では，9.3節で述べたように半導体の進歩によるクロック周波数向上がもっとも長い期間にわたる性能向上の原動力となってきた。

ちなみに2015年初頭における市販パソコンのクロック周波数は，1.5GHz〜3.5GHz程度である。なおムーアの法則によるクロック速度向上のペースは2005年あたりで頭打ちの傾向がみられる。半導体制作の微細化の限界や，クロック上昇にともなう発熱上昇の限界が近づいている，と見られている。いよいよ今後の速度向上は，マルチコアなどアーキテクチャ技術およびソフトウェア技術（並列化技術）のウェイトが高まるものと思われる。

17.3　キャッシュメモリ（Cache Memory）

これまで例示してきた組込み型CPUモデルSEP-Eでは，主メモリとしては小容量で高速のSRAM素子を想定してきた。しかし汎用パソコン等では大容量の主メモリを装備するので，価格的に安いが，低速のDRAM素子を使用せざるを得ない。DRAMでは主メモリのアクセスタイム(応答時間)として数クロックを待つ必要がある。

17.3.1　キャッシュメモリの発想

キャッシュメモリは，主メモリのアクセスタイムを実効的に向上させるために工夫された手法である。

図17-1はキャッシュメモリの仕組みを舞台に見立てたものである。主メモリ（舞台ウラ）に控えている命令語（登場人物）がCPUからお呼びがかかって舞台へ登場するとき，若干の時間がかかる。もしその人物がキャッシュメモリ（舞台脇）に控えておれば，すぐに登場できる。

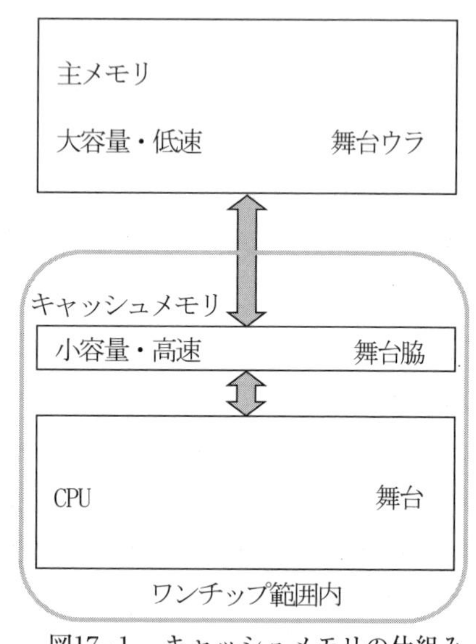

図17-1　キャッシュメモリの仕組み

あるプログラムを実行するとき，先頭の命令が舞台ウラから舞台へ登場する。そのときラインと呼ばれる後続の数十語(数百ビット)の命令を，共演の仲間として同時に舞台ウラから連れ出し，舞台脇へ控えさせる。先頭の命令はCPU（舞台）へ登場して実行を終える。その次に２番目の命令が呼び出されるが，２番目の命令はほとんどの場合，先頭命令の次の番地にある。今の場合は，後続の数十語とともに舞台脇に連れ出されて控えている。したがって２番目の命令は迅速に舞台へ登場できる。以降プログラムの分岐が来て，番地が遠くへ飛ぶまでの期間は後続命令は次々に迅速に登場し実行される。

一度呼び出した命令やその近隣の番地の命令には，しばしば再呼び出しがかかるのは，プログラムの一般的な特性であり，これをプログラムの局所性と呼ぶ。これを利用して当面の局所高速化を図り，ひいては全体的な高速化につなげる。この原理が成立するためには，数十語を一挙に読み出す主メモリ構成を用意する必要がある。複数語をあたかも長い一語のように一列に読み出すような構成なので，ラインと呼ばれる。

これは古く，1962年マンチェスター大学のキルバーンの発表にさかのぼる。実用機としては，1967年のIBM360/85が最初である。前節のクロック周波数と似て，ソフトウェアからは透明な仕組みなので，正確な意味ではコンピュータアーキテクチャの定義には含まれない。（注意：Cache ≠ Cash）

17.3.2　メモリのハイアラーキ（階層性）

一般に汎用コンピュータシステムのメモリは，複数の階層構成となっている。CPUに近いメモリから順にあげると，次の構成となっている。

（１）キャッシュメモリ（小容量高速）　現在走行中の番地近傍の命令群
（２）主メモリ　（中容量中速）　現在走行中のプログラムに対応
（３）補助メモリ（大容量低速）　呼び出し待機中のプログラムに対応
（４）アーカイブ（可換型低速）　記録保存用の媒体交換型ストレージ

・　キャッシュメモリは高速性を最重視するので，CPU-LSIと同じシリコンダイ上に搭載され，SRAM素子が使われる。コストの制約があるので，容量は主メモリの1/100～1/1000程度と小さい。マルチコア(マルチCPU)の場合，キャッシュメモリがさらに2層(各CPUと共有)に分かれる場合もある（図17-8参照）

・ 主メモリは，コンピュータではランダムアクセス性が重要なのでDRAM，それも近年ではより高速のシンクロナスDRAM(SDRAM)が使われる。急速に集積度が向上した結果，パソコンでも数GB（ギガバイト）の主メモリを持つ
・ 補助メモリは，磁気ハードディスク(HDD)が主に使用されている。不揮発性と適度の高速性があり，現在のコンピュータメモリの1つの柱ともいえる。近年ではフラッシュメモリを使った不揮発性半導体ディスクも使われている（習慣上半導体ディスクと呼ばれるが，円盤形式ではない）
・ アーカイブは，磁気テープ媒体，USBメモリ媒体またはメモリカード媒体の姿になっていることが多く，人間が介在して必要時にコンピュータシステムへ持ち込む。可換型なので，全体容量に制限はない
・ キャッシュ／主メモリ間を除く他の階層の間のメモリ移動はソフトウェアが行う。逆にソフトウェアからは，キャッシュは見えない。すなわち，ソフトウェアは，主メモリとやりとりしているつもりだが，その間にキャッシュがハードウェア制御により自動介入する

17.3.3 キャッシュメモリ番地のマッピング

キャッシュメモリの総容量は主メモリの総容量よりもはるかに小さい。したがって主メモリのある番地にあったラインを，キャッシュメモリへ移すとき，元の番号の番地に入れることはできない。何らかの番地間のマッピング（読み替え）が必要になる。ソフトウェアは単に主メモリ番地に基づいて処理を進めるので，番地のマッピングはハードウェアが陰で自動的に，かつ超高速に行う。これにはいくつかの方法が考えられる。

17.3.4 フルアソシアティブ方式 (Full-Associative)

フルアソシアティブは「主メモリのラインを，ランダムに，キャッシュメモリのライン番地に割り付けする」という意味である。つまり規則性なく番地割

り付けするので，以降のアクセスにおいて，番地対応の再現性がない。よってフルアソシアティブ方式は実用性がない。

17.3.5　ダイレクトマッピング方式

これは主メモリの番地をキャッシュ番地へマッピングするとき，強い制約を課して対応づける方式である。すなわち，主メモリ番地の座標の縦軸（インデックス指定部）を，キャッシュの番地の縦軸に揃える制約を課す。図17-2に具体例を示す。

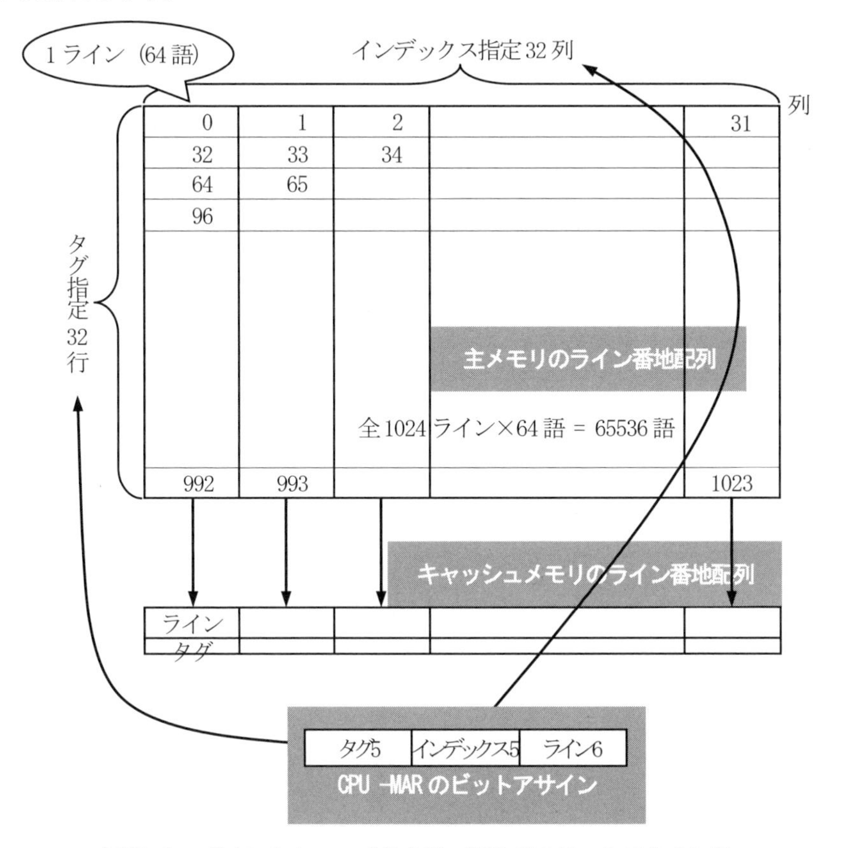

図17-2　ダイレクトマップ方式例：SEP-Eのビットアサイン例

この例ではキャッシュは，最小でも主メモリの一行分64語×32列＝2048語の大きさを持つ。SEP-Eを具体例に使うと，1語16ビットをタグ5ビット，インデックス5ビット，ライン6ビットに定義する。すると，図17-2において，主メモリの読み出しは，タグ5ビットで指定される横32行の中の一行と，インデックス5ビットで指定される縦32列の中の一列で，指定される位置の1つのライン64語を一挙に読み出す。残る6ビットで指定される目的1語をCPUへ読み込むとともに，1ライン64語全体を，キャッシュメモリの対応する列のラインへ格納する。このとき，そのラインが主メモリにあったときの番地情報として，タグ5ビットを付帯してキャッシュに格納される。インデックス5ビットは，キャッシュの列の位置が同じインデックス列位置に揃っているので，付帯する必要はない。ここで，走行しているプログラムが小規模で，仮に全体が64語内に収まるものであれば，当面そのプログラムが走行している間は，主メモリをアクセスする都度に，タグが一致し，キャッシュヒットし続けるので，実際のアクセスは主メモリでなくキャッシュメモリが代行し続ける。

たまたまあるプログラムで，命令語が所在する番地群と，オペランドが所在する番地群の番地間の距離が32ライン（あるいはその倍数）離れた番地にある場合は，1命令の実行の中で，命令フェッチ，オペランドフェッチの都度に，キャッシュの同じ列の中の異なるタグ行へアクセスし，ノンヒット・キャッシュ入換えを繰り返す。その結果，キャッシュがまったくない場合よりも，キャッシュ入換えタイムが加わり，逆に遅くなってしまう。この現象をスラッシング(Thrashing：鞭打ち)と呼び，ダイレクトマッピング方式の落とし穴となっている。

17.3.6 セットアソシアティブ方式(Set-Associative)

スラッシングの問題を解決するには，図17-2に示す1行のキャッシュメモリを，2行以上に増やしてやればよい。複数の行を持つ方式をセットアソシアティブ方式と呼ぶ。現在は，この方式が実用されている。

17.3.7 キャッシュ入換え

キャッシュメモリアレイを2行にした場合は，2 Way Set-Associativeと呼ばれる。2 Way以上のキャッシュメモリを持った場合は，ノンヒット・キャッシュ入換えのとき，「どのWay と入換えるか」という問題が起こる。

図17- 3 は3 Wayセットアソシアティブでのキャッシュ入換え方法を示す。LRUはLeast Recently Usedの略称で，「最近もっとも使われなかった」という意味である。プログラム実行中に，キャッシュいずれのWAYもノンヒットの場合，新しく主メモリから読み出したラインを，どれか1WAYのキャッシュのラインと入換える（ここでの入換えられる動作は，上書きされる動作となる）。

その時点から近い過去へさかのぼって，もっとも使用頻度が小さいものと入換える。これは入換えられたラインが再利用される確率がより小さいことを期待するもので，プログラムの局所性に基づく。しかし，あくまで大まかな期待なので，「LRUをどのようにして測定するか」については，精緻な利用頻度カウンタを考案しても，それがハードウェア的に複雑ならあまり意味はない。したがってLRUを大まかに近似する簡単な近似カウンタでLRUを代用するのが普通である。

簡単な一例を示すならば，図17- 3 のLRUアレイの 1 つの列ごとに，2 ビットカウンタ × 3 組のLRU近似カウンタを用意する。3 組はキャッシュNo.1,No.2,No.3に対応する。各 2 ビットカウンタは，最初のリセット・スタート時に，故意に差をつける意味で，00,01,10に初期化される。その後のカウンタの挙動は以下のルールによる（このルールは単なる一例である）。

（1）キャッシュタグがヒットした時点でヒットした組のカウンタは00にリセットされる。残りの 2 組のカウンタ値は，+ 1 される

（2）キャッシュタグがヒットした時点で，他の11に達しているカウンタは，それ以上 + 1 されない。11に到達したカウンタがあるときは，他の10に到達したカウンタも + 1 されない

（3）キャッシュタグが 3 組ともノンヒットで，主メモリから別のタグのラインが読み出されたときは，3 組の既存のキャッシュのそれぞれのカウンタを比較し，最大値のものがLRUとされ，入れかわる。

入れかわったカウンタは00になり，残りの2組のカウンタは，上記（2）

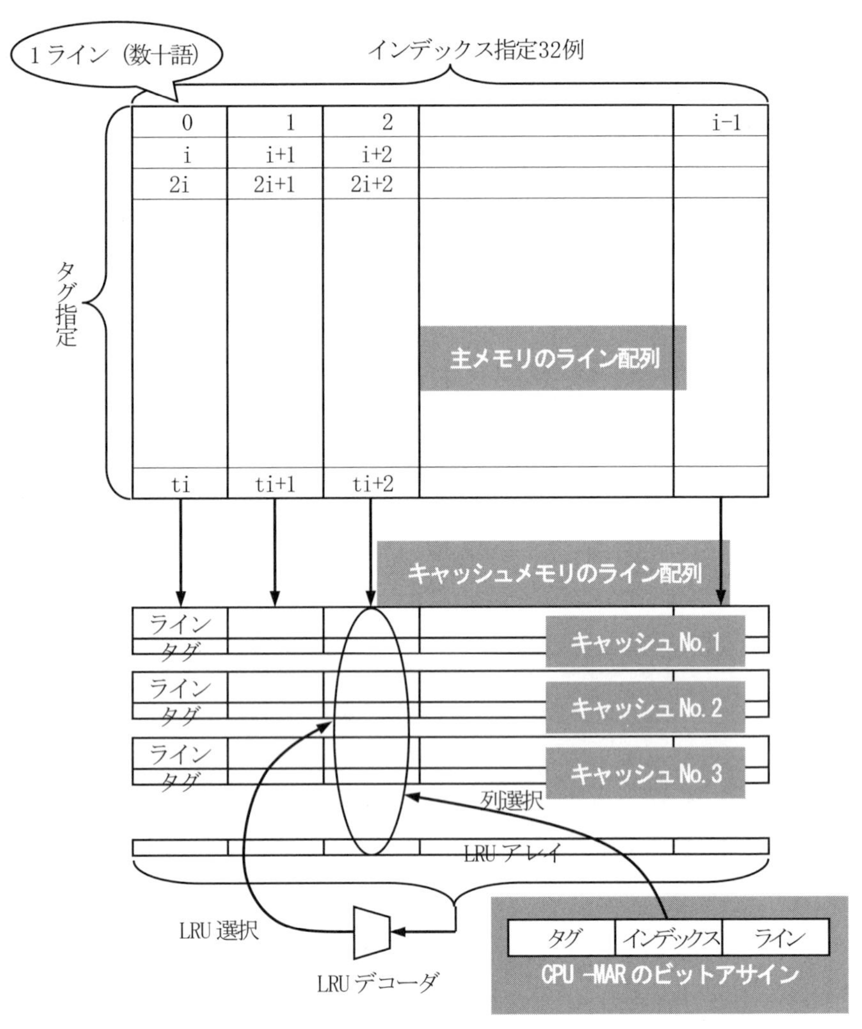

図17-3　3 Way セットアソシアティブ方式でのキャッシュ入換え／書戻し

項の条件の下で+1される。

17.3.8　キャッシュから主メモリへの書き戻し

プログラムの走行にともなって，データの書き換えが発生することもある。その場合のデータは，キャッシュの中に呼び出されているので，キャッシュの当該の語が書き換えられる。このままでは元の主メモリの当該の語はまだ書き換えられていない。この後当該のキャッシュラインが，入換えられるとき，そのままでは書き換えられたデータは，消えてなくなり，主メモリの当該の語は，書き換え前のまま残ってしまう。これを解決するため，キャッシュラインを入換えるときは，もし書き換えられたデータがあるときは，そのラインを主メモリへ書き戻してから入換える必要がある。後の17.6 節で説明するマルチコア（マルチCPU ）の場合は，当該データを別のCPUのプログラムが使っている可能性があるので，主メモリのみならず，別CPUのキャッシュメモリまで同時に書き換える必要がある。この問題をデータのコヒーレンシ（Coherency）（一貫性）という（17.7.1を参照）。この場合当該CPUは，別のCPUのキャッシュまで書き換えるハードウェアの仕組みは持っていないので，「どのラインで書き換えが発生した」との情報のみを別CPUへ伝えることとなる。この情報伝達は，キャッシュレベルで書き換え発生時に即時行う必要がある。

現状では，走行中のプログラムのキャッシュアクセス（キャッシュヒット）と主メモリアクセスとの比率は8:2～9:1 程度になる。これを，キャッシュヒット率が80％とか90％と表記することもある。キャッシュの容量を増やせばヒット率は向上するが，コストも上昇するので，両者のトレードオフとなる。

17.4　RISC（Reduced Instruction-Set Computer）と パイプライン

パイプライン技術は1970年代にIBM大型汎用機で採用され始めたが，ハードウェア量の増大も著しく，当時は技術的に大きな注目を集めるほどでもなかった。パイプライン技術が真価を発揮するのは，RISCと組み合わさってからである。1980年にカリフォルニア大学（バークレー）のパターソンがRISCプロジェクト（1982,RISC-Ⅰ）（1983,RISC-Ⅱ）を開始し，1981年にスタンフォード大学のヘネシーがMIPSプロジェクトを開始した。彼らのプロジェクトは，単にRISCコンピュータを開発するだけが目的ではなく，初めからRISCとパイプラインとの適合性に着目し，両者を組合わせた高速性を狙っていた。

17.4.1 RISC

RISCはReduced Instruction-Set Computer（縮小命令セットコンピュータ）の略称である。1980年代後半から市場に登場してきた。対して，RISC登場以前から存在していたコンピュータはCISC（Complex Instruction-Set Computer）と呼ばれることとなった。RISCが登場した由来は，CISCのプログラムを統計的に調査した結果，プログラムのほとんどは少数の簡単な命令で占められていることが分かったことにある。

RISCの特徴は，その名のごとく，命令語を簡単な動作に限定し，命令の種類数を少なく抑えている点にある。

乗算／除算命令や10進可変長演算命令などの長い演算サイクルを要する複雑な命令を持たず（それらはソフトウェアによって実行する），命令種類数は30～50種類程度に抑えられている。またRISCではCPU内部に持つ汎用レジスタの個数を非常に多くし，大多数のプログラムは汎用レジスタの上で演算を済ませられる。ちなみにRISC-Ⅰは8本×16グループ＝128本の汎用レジスタを持っていた。この狙いはメモリへのアクセス回数を減らすことにある。

複雑な命令を持たないこととメモリアクセスを減らすことは，1命令の実行サイクルが5ステップ程度の揃った一定数に抑えられる効果がある。このことが後述のパイプラインとの整合性をよくしている。

ちなみにSEP-Eは，命令語種類数は32種類なので，この面だけを見ればRISC的であるが，汎用レジスタは8個（うちR5=PSW,R6=スタック,R7=PCを除けば演算用は5個）なので，主メモリとのやりとりが多く，その面ではCISCである。現在のCPUでは，RISCでもセキュリティのニーズが増大し，暗号処理のための特殊な命令を追加せざるを得ず，また商用計算のための10進演算も不可欠であり，RISCといえども命令数は拡大してきているので，RISCとCISCの境界はあいまいになりつつある。

実用機種では，ソフトウェア互換性の要求が強い大型汎用機（IBM370系）とパソコン（X86系）がCISC,互換性要求度が比較的少ない携帯電話（ARM）やゲーム機（MIPS）や組込み（SuperH,M32R）などがRISCである。

17.4.2 パイプライン

一般にCPUの1個の命令実行サイクルは，命令フェッチ，オペランドフェッチ，演算実行，オペランド書き戻しなどを経過するので，数クロックを要する。これをCPUハードウェアの量をいとわず，後続の命令複数個を重ね合せつつ実行し，実効上では1命令の実行時間を1クロックで済ませるための方法をパイプラインと呼ぶ。パイプラインとは，CPUを1本のパイプラインに見立て，その入口へ命令語を順次流し込むと，出口から途切れなく処理結果が流れ出てくるイメージをいう。パイプライン方式を，きわめて単純化した模式図を図17-4と図17-5に示す。図17-5のように流れ作業を行うと，仕事の量が連続的に絶え間なくインプットされたなら，製品アウトプットは，10分間おきに切れ目なく出てくる（最初の1番目製品はインプットから50分かかる)。この作業スタイルは，自動車や家電製品のベルトコンベア式生産ラインとしてもよく知られている。

パイプライン式CPUは，図17-5における作業員の部分に，命令フェッチ専用プロセッサ，オペランドフェッチ専用プロセッサ，演算実行専用プロセッサなどを置いたイメージである。最後のプロセッサの出力を観測していると1クロックごとに次々と1命令の処理が完了している。結果的には1命令あたり1クロックの処理時間で命令実行が進捗する（と見なせる)。

この状況をSEP-Eを具体例として取り上げて，詳細な動作レベルで説明する。ただし，SEP-Eは，メモリアクセスを繰り返すCISC型アーキテクチャであり，アドレスモードによって1命令の実行サイクルが，5クロック，6クロック，8クロックと変動する。すると，先行命令が8クロックを要する命令の処理の途中にある段階で，後続命令が5クロックで済むならば，パイプラインの途中で後続命令の処理進行が先行命令に追いついてしまい，止むを得ず待ち状態が発生する。またメモリアクセスについては，1命令のサイクルの中で，命令フェッチ，Fオペランドフェッチ，Tオペランドフェチ，結果の書き戻しと最大で4回もある。すると，パイプラインの途中で先行命令のメモリアクセスと，後続命令のメモリアクセスが重なって片方が待たされることがしばしば

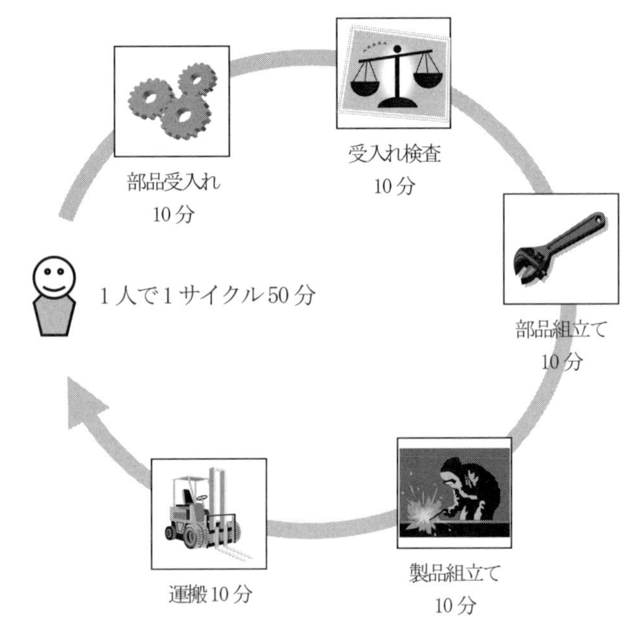

図17-4　1人の工員で50分かかる作業

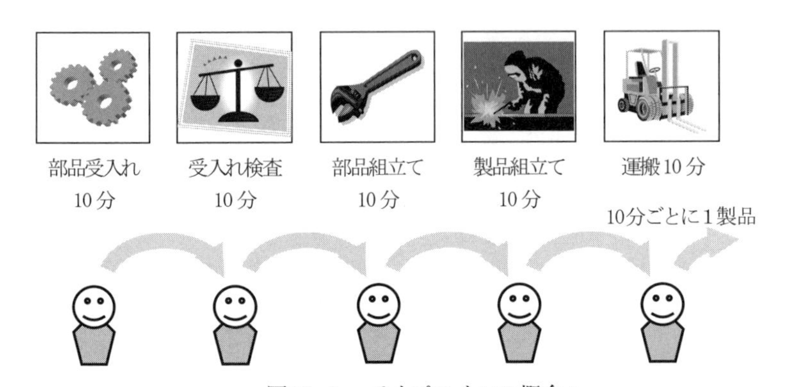

図17-5　パイプラインの概念：
5人の作業員が作業を分担して10分ごとに次々へ受け渡す方式
製造設備は5人に対して1式あれば足りる

起こりうる。このように，CISC型アーキテクチャの場合は，そのままではパイプライン処理を行おうとしてもスムーズに処理が流れず，とても1命令が1クロックで連続的に流れる状況にならない。ノイマン型アーキテクチャは，もともと「1命令ずつ逐次実行する」仕組みになっているので，本質的にパイプラインとは適合性が悪い。

パイプライン処理に適合するように考えられたのがRISCである。そこで，SEP-Eの中から，RISCに適合する部分のみを抜粋し，いわばSEP-EのRISC版サブセットを仮想的に作り出し，それを具体例にして詳細動作説明を行う。SEP-E/RISC版サブセットの仕様は次のように定義する。

- R7への次命令番地セットのとき，MARにも同時並行してセットする。
- オペランドアドレスは，Dモードのみを使う（オペランドは，FもTも汎用レジスタに限る。これは実用的といえないが，例題用に許容する）
- オペランド読み出しと演算実行は，汎用レジスタ→FO/TO（2組の並列バスを仮定），FO/TO→ALU→汎用レジスタの2クロックで完了とする

この仕様により，命令実行サイクルは3クロックになる。その間のメモリアクセスは，IF状態の1回きりである。ただし，この仕様のままでは，主メモリと汎用レジスタ間でデータをやりとりできない。通常のRISCでは，別途LOAD命令（主メモリ→Rレジスタ），STORE命令（Rレジスタ→主メモリ）を追加し，これらのみには実行サイクルの例外を許している。SEP-E/RISC版は，パイプラインの詳細実行の説明のためにここだけで仮に使うものなので，主メモリをアクセスするオペランドについては，本節では触れないでおく。

上記の定義により，SEP-E/RISC版の状態遷移図は図17-6のようになる（ADD,Dx：Dyの例）（R7→MARは省ける）（Dx→FOとDy→TOが同時並行してやれる）。

パイプラインを構成する場合は，各状態専用のIF（I.fetch）プロセッサ，OF（O.fetch）プロセッサ，EX（Execution）プロセッサの3個がパイプの流れに沿って図17-7のように並ぶ。

IFプロセッサは命令フェッチばかりを専門に行うので，MARとR7+1→R7・

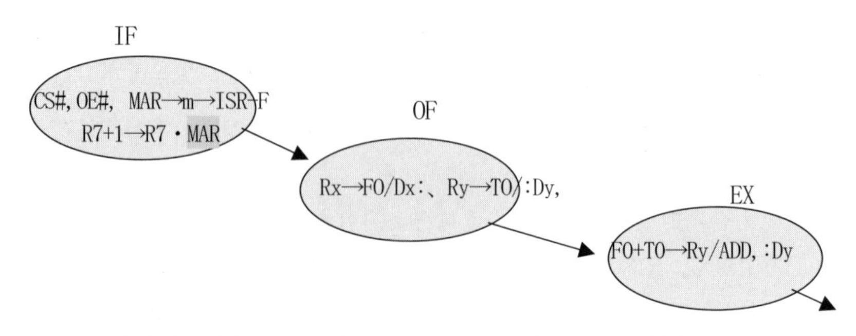

図17-6　仮想SEP-E RISC版で1個の命令がたどる状態遷移

MARを行うカウンタがあれば足りる。命令レジスタ（ISR）は，以降の2個の専用プロセッサにそれぞれ必要である。汎用レジスタ8個は，パイプラインを流れる各ステージの命令で共有されるべきなので，3個の専用プロセッサの外部にある（図17-7）。

汎用レジスタ群は，1回のクロックでR7→MAR，Rx→FO，Ry→TOの3つの出力とR7+1→R7・MAR，ALU→Ryの2つの入力の合計5つの並行動作バスを持つ。

図17-7の3つのプロセッサの動作は，次のようになる。

- IFプロセッサは，毎クロックごとに，MAR→主メモリ→ISR-Fを繰り返す。読み出した命令は，次のOFプロセッサにあるISR-Fに入る。同時に次のクロック時の動作に備えてR7+1→R7・MARを行う。
- OFプロセッサは，毎クロックごとに，ISR-F内の命令語の指示により，RxとRyとを選び出し，Rx→FO，Ry→TO，ISR-F→ISR-Xを繰り返す。
- EXプロセッサは，毎クロックに，FO→ALU，TO→ALU→Ryを繰り返す。JP系命令のときはFO→ALU→R7と同時並行にFO→ALU→MARを行う。この動作はIFプロセッサで行うR7+1→R7・MARに優先する。

図17-7において4個の命令を順次読み出した場合のパイプライン状態遷移

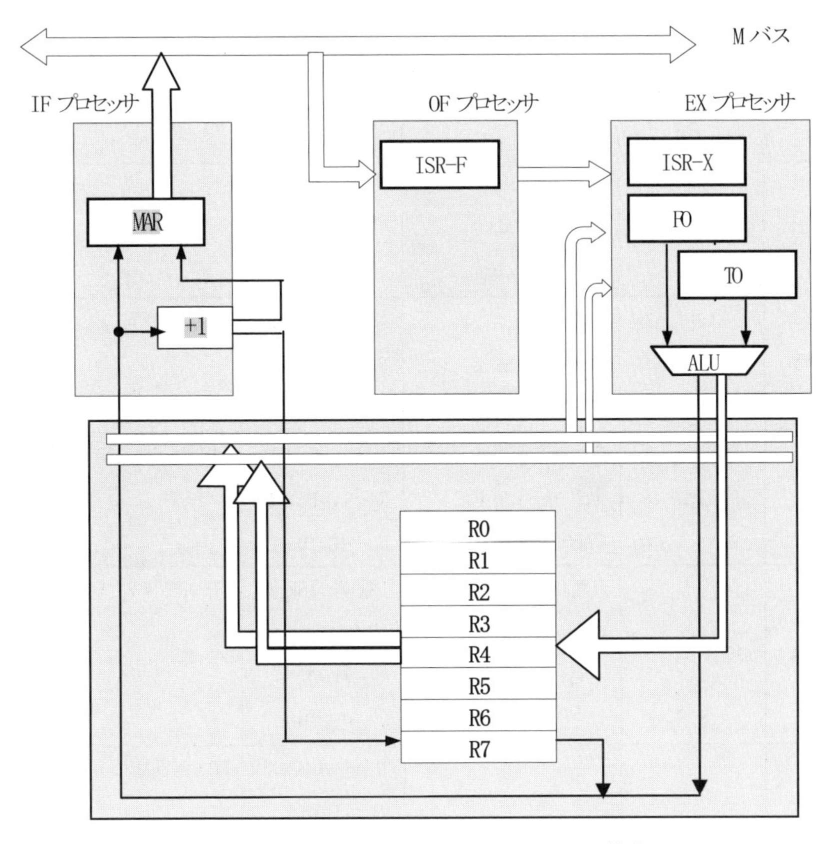

図17-7　SEP-E RISC版のパイプライン構成

シーケンスを表17-1に示す。表の左から右へ3個のプロセッサが並び，上から下へ1クロックずつ進む。先頭の命令ADD,D3：D4はクロック#1でIFプロセッサで表示の処理を受け，クロック#2でOFプロセッサへ渡されて処理を受け，クロック#3でEXプロセッサへ渡されて処理を受ける。つまり表17-1のグレーに塗られたボックスに沿って左上から右下へ移行する。4個の命令はサンプルで，意味あるプログラムではない。

17.4.3 パイプラインのハザード

パイプライン式の命令実行は，逐次実行の基本を踏み越えて，次々に後続命

表17-1　パイプライン実行シーケンスの具体例（★等のマークは参照用の目印）

CLK	プロセッサ／命令	IF プロセッサ	OF プロセッサ	EX プロセッサ
#1	ADD, D3:D4	CS#, OE#, MAR→m→ISR-F R7+1→R7・MAR		
#2	MOV, D4:D0	CS#, OE#, MAR→m→ISR-F R7+1→R7・MAR	ISR-F→ISR-X R3→F0/D3: R4→T0/:D4	
#3	JP, D2:D7	CS#, OE#, MAR→m→ISR-F R7+1→R7・MAR	ISR-F→ISR-X R4→F0/D4: ■ R0→T0/:D0	F0+T0→R4/ADD, ★
#4	CMP, D1:D3	CS#, OE#, MAR→m→ISR-F R7+1→R7・MAR	ISR-F→ISR-X JP命令認識 ◆ R2→F0/D2: R7→T0/:D7	F0→R0/MOV,
#5			ISR-F→ISR-X R1→F0/D1: R3→T0/:D3	F0→R7・MAR/JP, ✤

令を先読みする。そのためいくつかのケースでパイプラインの流れに障害（ハザード）が生じ，対策を講じないと結果が狂う（先読みペナルティ）。

（1）分岐ハザード

表17-1の3番目のクロックにJP,D2：D7というJump命令がある。その次に実行されるべき命令は，次番地の命令ではなくJP命令が指定した飛び先の番地の命令である。しかし，JP命令が認識されるのは，OFプロセッサの#３の後縁クロックでISR-Fにセットされたあと，即ち表の◆印の時期である。IFでは#３クロックではまだR7は変化せず，通常通り次命令CMPが読み出される。

EXでは#4クロックの後縁でJP命令がISR-Xにセットされ，✤印の時間帯にはJP命令に伴う作業i.e.F0→R7が現れ，#5の後縁のクロックでR7にJP飛び先番地がセットされる。したがってクロック#6になるとIFプロセッサが正しい分岐先命令をR7から取り出して飛び先番地の命令をフェッチする。この間，#4，#5，の2ステップの命令は，無意味となり，その間の時間幅はパイプラインは無動作とせざるを得ない。この無駄をなくすには，次の方法が考えられる。これは「遅延分岐：Delayed Branch」と呼ばれる方法である。

すなわち，本来はJP命令の前に置かれていて，JP命令の影響を受けずに実行される#1，#2の命令をJP命令の後ろの位置へ入換える。その結果，#1，#2にあった命令は，JP命令の後に読み出されるが，JP命令の実行結果を受けた新しい飛び先の命令が実行される前に有効に実行されるので，これは入換え前の実行状況に一致する。

この分岐命令の前後の命令順序の入換えは，パイプラインが流れている途中では間に合わず，事前にコンパイラが検知し作業する。

条件付き分岐の場合は，無条件分岐の場合と事情が異なる。一般に，分岐命令の直前に残されているPSWのフラグの有無が分岐条件になっているので，分岐命令の前に置かれている命令は，このPSWに影響を与える場合が多い。したがって上記のような遅延分岐の方法は採れないことが普通である。そこで，予測分岐という手段でハザードを軽減する。

すなわち，分岐条件結果が判明しジャンプの有無が判明するのは，✤の部分なので，そのタイミングまで無作業で待つよりは，ダメモトの考えで片方の経路の命令群#4,#5を途中まで進行させ，もし逆であったことが判明すれば無効化する。この場合は条件が“NO”の場合を予測したことになるが，“YES”となることが多いケースであれば，YES経路の命令群を#4,#5へ入換える。よく見られるケースとして，n回ループする場合のループ終了の判定では，“NO”がn回あり，“YES”が1回なので，“NO”を予測することになる。その場合は条件付き分岐も1回ループごとに正整数を-1しつつJZE(Jump if Zero)命令で判定すれば，“NO”がn回となる（逆に負整数を+1しつつJMIを使うと“YES”がn回になるので面倒)。

(2) データハザード

表17-1の★の場所：時刻（EX：クロック3）ではR3+R4→R4が行われている。しかし同じタイミング(OF：クロック3)の■の場所：時刻で R4→FO-Xが行われている。これがパイプラインでなければ，■の命令実行は★の後ろで実行するはずのものである。すなわちR3+R4→R4の結果がR4→FO-Xに反映されるべきである。パイプラインによる後続命令の先走り実行のために，同一データに対する更新／再利用の前後関係が崩れた結果，この矛盾を起こす。この対策は，表17-1の例でいえば，同じR4を使う#1.命令と#2.命令の間に依存関係のない別の命令を挿入し，両者のタイミングをもう1クロック引き離せばよい。それには表17-1の#2と#3を入換えればよい。この方法を順序入換えという（CISCでパイプラインの段数が多いと引き離す段数も増える)。

別の解決手段として，フォワーディング(転送）と呼ばれる方法がある。これは，表17-1では，■部分のR4の代わりに★部分のFO+TOのALU出力を分岐して持ってくる方法である。これは，コンパイラだけではなくハードウェアも改造がいる。また，単にそういうハードウェアバスを持って来るだけで足りるものでもない。OFプロセッサまたはコンパイラが■部分の動作の1つ前のクロック（1つ前の命令）でのTオペランドが，後の動作へ影響することを検知せねばならない。それには前後2個の命令のデータ依存性を常時見張っていることを意味する。その依存性の有無によって，■部分の動作を通常通り行うか，EXプロセッサのALU出力バスを使うか，選択せねばならない。

(3) 構造ハザード

構造ハザードでもっとも頻発する例は，CISCをパイプライン化した場合におけるメモリアクセスハザードである。CPUと主メモリとの間のインターフェイス構造が，普通は単純なワンポートなので，1個の命令実行の間に複数回メモリアクセスがあると，先行命令のメモリアクセスと後続命令のメモリアクセスが同じタイミングで衝突することが起こりうる。ハーバードアーキテクチャでは命令メモリとデータメモリを別ポートに分けるので，衝突の確率が減少するが，CISCならばデータだけでも主メモリアクセスが複数回ありうるので，衝突がゼロになる訳ではない。RISCの場合は，通常の演算では，命令フェッチ以外は，メモリアクセスしないので，衝突が起こらない。

構造ハザードの対策は，やはり構造的に解決する。主メモリへのアクセスのポートを複数個に増やす（マルチポートメモリ）。このときAポートは，メモリ番地0000～8FFF$_h$番地まで，Bポートは9000～FFFF$_h$番地までという具合な番地割り当てを行うと，プログラムの局所性が仇になって，アクセスが片方のポートに集中することが起こる。番地割り当てとしては，偶数番地はAポート，奇数番地はBポートという番地割り当てをすれば，比較的平等にアクセスが分散してくれるので，衝突の確率が減る。

（4） 相対アドレスハザード（相対アドレス型の命令がある機種）

表17-1のCLK#3に出現する命令がJP，D2:D7，ではなくJR，D2:D7であったらどうなるか考える（表17-2参照）。

分岐ハザードはJPのときと同様に発生し，後続の2個の命令は実行途中で無駄な実行となって無効化される。しかしこの無駄を避けるため命令の順序入換えを行う手法はJRの場合は許されない。何故ならJR命令のジャンプ先の番地はF＋R7＋1なので，JR命令の番地を入換えるとジャンプ先の番地へ影響するからである。

さらにこの例の場合は，EXプロセッサの#5クロックで行う動作であるFO＋R7→R7・MAR/JRにおいてR7の中身が普通のプロセッサと異なってしまう。普通のプロセッサでは，この動作が実行されるEX0状態ではR7の中身はR7＋1になっている。しかしこの例でのパイプラインの場合は，IFプロセッサにおいて，#3クロック，#4クロック，の2回を経過して，R7＋1→R7・MAR，が2回行われ（表17-2 ✱印），R7の中身はR7＋2になっている。結果として✦印でJR命令のジャンプ先の番地は名目上FO＋R7→R7だがその時点でR7の中身がR7＋2なので，実質はF＋R7＋2→R7となる。

これはパイプラインではないときのJR命令の仕様F＋R7＋1→R7と異なる。

命令の仕様は，パイプラインであろうとなかろうと同一でなければならない

表17-2　パイプライン実行表II　即値がある場合

CLK	プロセッサ／命令	IF プロセッサ	OF プロセッサ	EX プロセッサ
#1	ADD,D3:D4	CS#,OE#, MAR→m→ISR-F R7+1→R7・MAR		
#2	MOV,D4:D0	CS#,OE#, MAR→m→ISR-F R7+1→R7・MAR	ISR-F→ISR-X R3→F0/D3: R4→T0/:D4	
#3	JR, D2:D7	CS#,OE#, MAR→m→ISR-F R7+1→R7・MAR　＊	ISR-F→ISR-X R4→F0/D4: R0→T0/:D0	F0+T0→R4/ADD,
#4	CMP,D1:D3	CS#,OE#, MAR→m→ISR-F R7+1→R7・MAR　＊	ISR-F→ISR-X R2→F0/D2: R7→T0/:D7	F0→T0/MOV,
#5			ISR-F→ISR-X R1→F0/D1: R3→T0/:D3	F0+R7→R7・MAR/JR, ✦

のでそれに違反する。これが相対アドレスハザードである。

このハザードを避けるには，コンパイラにおいて実行前にJR（およびJRM）命令の番地を1番地若い番地へ順序をずらせる（前の命令と順序を入換える）ことによって出来る。ただし入換えた結果が全体動作に影響ないことが必要である。この入換えで分岐ハザード（この例では命令２個の無駄な実行）のうちの命令１個ぶんの無駄も取り除ける。

17.5　スーパースカラー

1命令を1クロックで実行することはパイプラインの究極の段階である。その段階を突き破って1クロックで2命令以上を実行するのがスーパースカラーである。単純に考えれば，パイプライン方式におけるパイプの太さを2倍（またはそれ以上）に拡大したものである。つまり，IF unitは1クロックごとに1命令を読み出すのではなく，2命令を読み出す。当然メモリの構造を変更し，読み出し語幅を広げて1度に連続した2命令語を読み出すようにする。後続のユニットも全て独立に2命令を同時に処理する機能を持つ。この場合もパイプラインで述べたのと同じ先読みペナルティの問題を抱える。先読みだけでなく，同時に並行して実行する命令にも，同じ前後問題のペナルティが発生しうる。そのような場合を識別し，2番目の命令の同時実行を待ち合わせ，その次の3番目の命令がもしペナルティ問題がなければ3番目を先に実行するような高度な知的判断機能を持ったスーパースカラーもある。

17.6　並列処理

2005年あたりからムーアの法則に行き詰まり感があらわれ，クロック周波数の進歩がスローダウンしている。これに代わって目立ってきたのが並列処理による性能向上である。

17.6.1　発熱の問題

クロック速度向上の停滞要因の1つは発熱である。半導体チップで電力が消費されると発熱し，放熱が課題になる。発熱の原因は3つある。

（1）　動的電流

（2）　導線電流

（3）　漏えい電流

（1）の動的電流は，クロックが入った瞬間にFFが反転動作する際に過渡的に流れる充放電電流である。これはクロック周波数が上がるとそれに比例して上昇する。（2）の導線電流は，半導体の導線をオームの法則で流れる電流である。（3）の漏えい電流は，半導体の絶縁部をリークする電流であり，半導体のサイズが小さくなるに反比例して増大している。

半導体の線幅や絶縁幅が65nmのときでも漏えい電流の割合が高く，50%程度あったので，現在の22nm幅ではそれがさらに大きくなっていると思われる。半導体線幅を縮小し，トランジスタ回路が縮小すると，少ない電流で動作可能になるので，電力縮小ひいては発熱低下への効果もあるものの，回路が縮小することで動作速度も速くなり，クロック周波数も上げられるので，これは発熱上昇につながる。また回路縮小により，チップ上により多くの回路を搭載することが可能になり，それも発熱上昇になる。回路間の絶縁帯の幅を縮小することは，漏えい電流の増加につながり，これは発熱増加につながる。総合的な結果として，半導体回路縮小→クロック速度向上→発熱増大と連鎖する。小さな半導体回路の上での大きな発熱は，冷却困難であり，それがクロック速度向上のブレーキとなってきている。

17.6.2　性能追究の方針の転換

クロック周波数を上げて性能向上を追求することは，前項に述べたようにクロック速度そのものが発熱を引き起こす要因なので，壁に突き当たってきた。クロック向上の土台になる半導体加工技術の細密化は，発熱の観点から見て，前項に述べたように功罪両面がある。電流を減らす（発熱を減らす）効果と，漏えい電流を増やす（発熱を増やす），および搭載回路数を詰め込む（発熱を増やす）。総合的には，クロック高速化と回路数増大を追求し続けることには発熱限界が明確化し，CPU半導体チップメーカは，ムーアの法則から離れるべく方針転換を行ったように見える。すなわち，半導体回路の縮小は続けるものの，クロックは3GHz前後のほどほどの速度で固定し，ワンチップに詰め込む回路を一定の規模で固定化し（漏えい電流の抑制および発熱半導体総数の抑制），それ以上の規模の追求は，別のチップをシリコンダイの上で距離を離して並列に搭載する方式を選択した。これが現在のマルチコアチップである。

17.7　マルチコアと並列処理

マルチコアは１つの半導体チップに２個以上のプロセッサコアを持つ。半導体チップは，一般的には封止パッケージ，入出力端子，セラミックサブストレート（土台），シリコンダイからなり，シリコンダイ上にコアCPU，キャッシュメモリ，バスなどが半導体回路として形成されている。図17-８にデュアルコアチップの概念図を示す。L1,L2はLevel-1,Level-2の略である。デュアルコア（略して２コア）は，通常のシングルコア（略して１コア）の２倍の機能／性能を持つことを目的とし，発熱の問題を分散回避する手段として実現された。後者は一応達成されたが，前者は簡単には達成できない。

なぜなら，その成否は，２コアの上で走行するソフトウェアの構成に依存するからである。２コアまたはそれ以上の並列処理を行うソフトウェアは，いくつかの点で注意が必要である。以下にそれらを述べる。

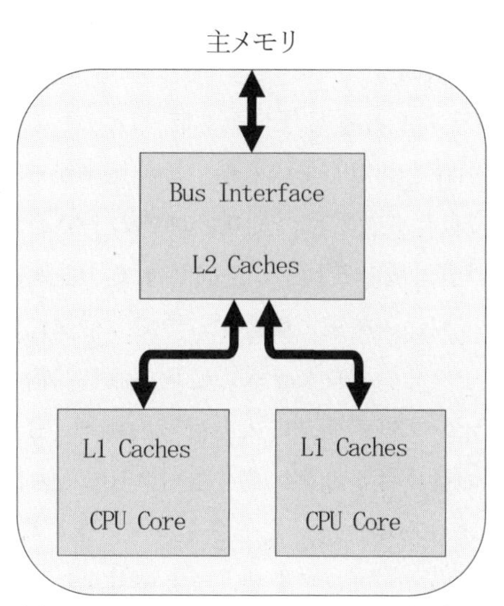

図17-８　デュアルコア　チップの概念図

まず，ソフトウェアの並列問題の前に，キャッシュメモリ自身の並列問題に触れておく。

17.7.1　キャッシュコヒーレンシ

図17-8に示す2コアは，それぞれがキャッシュメモリを内蔵している。これをレベル1（L1）キャッシュという。さらに主メモリとの間に1個のL2キャッシュが共有されている。L2キャッシュおよび2つのL1キャッシュには，主メモリから同じライン領域のデータが読み出されていることもある。そのような場合のキャッシュデータの更新には，主メモリも含めると，4ケ所に散在するデータの一貫性（コヒーレンシ）を維持することが必要である。すなわち，更新はできるだけ同時に全部を行うこと，更新の途中の他コアからのアクセスは排除すること。そのための仕組みにはいくつかの方式が考案されているが，一般的には全体を見張る機構が考えられる。

17.7.2　データの従属性

1コア上で走行していた既存のプログラムを2コア上で走らせる場合を考える。元のプログラムの入力／出力が図17-9のようになっていたものとする。このプログラムを部分Aと，部分Bに2分割したときのそれぞれの入力／出力を図17-10A・17-10Bに示す。

このとき，プログラムA,Bの入力データ群（IA_0～IA_n,IB_0～IB_n）のうち，どれだけが相手の出力値を利用しているか。その比率がゼロ（従属性ゼロ）ならば，AとBは独立に走行できる。つまり2コアの上でそれぞれ独立に走行できる。なお，AとBの出力値のどれかが，同じメモリ番地に書き込まれる関係にあれば，出力の前後関係が結果に影響するので，従属性がある。

A,Bの分割の仕方を，元のプログラムの処理の流れに沿って分割してみる。すなわち，仮にAが元のプログラムの入力寄りの処理，Bが出力寄りの処理をする場合は，データの従属性が非常に高くなり，Bの入力はほぼ100%がAの出力を利用する。そのような場合は，A,Bを2コアの上に配置しても，BはAが終わるまで待たされるので，2コアを使うことの効果はほとんど出ないことになる。しかし，それも全体の作業の状況が変われば変わる。すなわち，同じ作

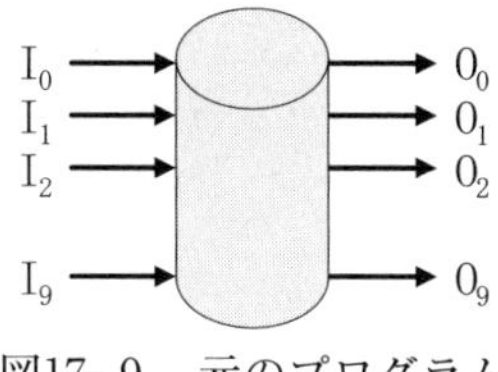

図17-9　元のプログラム

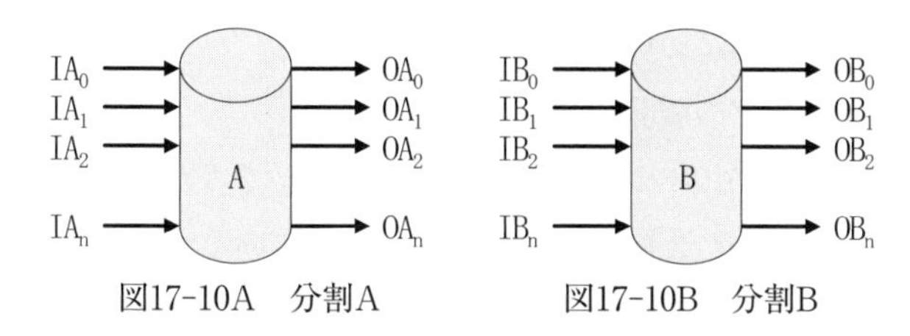

図17-10A　分割A　　図17-10B　分割B

業が反復的に連続して入来するような場合である。その場合は，A,Bの作業が前後につながるものの，１コアで（A→B），（A→B），（A→B），,,と反復作業するよりも，２コアで，片方が（A,A,A,,,,,）と作業して途中結果を他方へ次々に渡し，他方が（B,B,B,,,）と作業する方が，２倍に近いスループットは出せる。

17.7.3　相互排他

タスク分割の粒度をできるだけ細かくした場合の，１つのサブタスクをスレッドと呼ぶ。マルチコア上で，複数のスレッドが存在すると，それぞれの実行順序は予測できない部分もある。そういう環境では，複数のスレッドが１つの変数群を共用している場合がある。たまたまあるスレッドが，その変数群を更新しつつある途中で，別のスレッドが同じ変数群を使った場合は，更新途中のため整合性のない変数群を使ってしまうことになる。

これを避けるためには，変数群の更新を行うスレッドは，その途中で他のスレッドが同じ変数群にアクセスできないように，更新開始時にロック（鍵）を掛け，更新終了時にアンロックする処理がいる（割込みルーチンでも，割込みマスク，割込みエネーブルなどで同様な排他制御を行っている）（16.4節参照）。

ロックする変数群が，２ケ所に離れて存在し，片方のロックに成功した後，他の片方のロックを掛けようとしたとき，対象の変数群が別のスレッドによって既にロックされていると，それがアンロックされるまで待つこととなる。このとき，その変数群にロックを掛けたスレッドが，たまたま同じ状況で，先のスレッドがロックを掛けた変数群を使いたくてアンロックを待っていると，両方のスレッドがともに相手が掛けたロックにより相互に待つ状況が発生する。これはそのままでは永遠に待つデッドロックとなる。

17.7.4　マルチコアの展開

マルチコア技術は2010年頃には，８コアまで進んできた。しかし，処理の並列度が上がれば，それに比例して全体の処理能力が向上するとは一概にはいえない。一般的には並列度が上がるほどスレッド間のデータ通信やロック同期待ちなどのオーバーヘッド処理が増大するので，向上の度合いは低下する。それはアプリケーション自体の分割容易性に依存するところが大きい。

例えば，画像データをピクセルごとやメッシュごとに同じ行列計算を繰り返す場合などは，独立並列にn個に分割し分担することは容易である。何かを検索する作業の場合も，膨大な検索対象ファイルを，何かの基準で区切って，n個のコアに分担させることは容易であり，それぞれの検索作業には従属性はなく，独立に進められる。気象予測の場合には，地理的に多数のメッシュに区分けし，その各メッシュごとに現在の気圧，温度，湿度，風力，風向などから１時間後の未来値をシミュレーション計算して予測する。そのとき，気圧配置，上層の気流，海流，自転速度，地形，過去データなども利用する。この場合は，メッシュが多数並列に存在するので，メッシュごとにマルチコアに分担させられる。さらにその後の１時間先のシミュレーションを行うには，各メッシュごとに最初の１時間目の結果データの交信を行う必要があるが，シミュレーション計算している最中には相互に交信する必要はない。事務処理システムなどの巨大なトランザクション（取引）処理／在庫管理などを行う場合も，顧客ごと，あるいは商品ごとにあらかじめ分担を割り当てておけば，分割は容易である(取引に偏りがあると，負荷も偏るので注意)。

逆に，シミュレーション計算の場合に，例えば長い時間にわたって（何代もの世代にわたって）ある遺伝子変異を追跡するような場合には，時間的に前の結果が，その次の計算に直結しているので，そういう一連の連鎖的処理の中では並列処理することは困難である。

17.7.5 画像処理用マルチコア

近年，マルチコアとして普及しつつあるのが，画像処理用のプロセッサである（GPU：Graphic Processing Unit）。画像処理のニーズは，1990年頃から，WindowsPCの出現，および画像処理ワークステーションのGraphics LibraryのOpenGLの普及などが契機になり，さらにカーナビやゲーム機の普及が加わってニーズが高まった。最初はグラフィック・アクセラレータという名称でパソコンのオプションボードの姿をしていた。グラフィック処理では，画像の座標変換（＝回転表示）や3Dにおけるシェーディング（影付け）が多量の三角関数計算や幾何学計算を必要とする。GPUは，これらの計算処理を内蔵する特殊ハードウェアにより高速に計算するものである。画像処理や音声処理では扱うデータが大量であり，GPUがマルチコアになっている。また最近では，GPUの機能を一般的な物理計算に使うこともあり，それらはGPGPU（General Purpose GPU）とも呼ばれる。

17.8 ネットワーク型分散処理

17.7.3項で述べたように，もともと並列分担しやすい巨大アプリケーションも結構あるので，そういうものは多くのサブタスクに切り分け，それらをネットワーク上に分散している多数の独立なコンピュータに分担させる方法もある（ネットワーク分散コンピュータシステム）。従来よりルーズカップル・マルチプロセッサと呼ばれていた形をさらに広域まで分散させた形と考えられる。

17.9 ノイマン型コンピュータからの分化

ノイマン型コンピュータの特徴は次の3点である。

(1) 命令語とデータ語は同じ語形式（同じビット長）をしている
(2) （実行ステージの）命令語とデータ語は同じ主メモリに格納されている
(3) 命令の実行は，1語ずつ逐次的に行う

絶え間ない速度向上を目指す現代のコンピュータにあっては，問題は(3)にある。パイプライン方式やその延長線上のスーパースカラー方式はこの条件を踏み越え，ノイマン型アーキテクチャから踏み出したものである。これらをさらに並列集積しているスーパーコンピュータも同じである。これらは，組込みマイコンの最上位機のMIPSとか，巨大なシミュレーション計算を行うスーパーコンピュータで，一定の地位を獲得している。

(2)の制約を除去したもの，すなわち，命令用とデータ用とで，主メモリ上で分離している方式をハーバードアーキテクチャと呼ぶ。プログラムの頻繁な入換えなどを必要としないアプリケーション，例えば組込みマイコンなどでは多く採用されており，教育現場でもよく使われるPICもそうである。

他方で，市場に位置を得られず消え去った試作機もある。1980年代に電総研と国内コンピュータメーカ6社がプロジェクトを組んで開発した第五世代コンピュータPSI/PIMは，推論（例えば定理の証明）を，並列に高速処理するもので，人工知能につながるものと世界の注目を集め，試作品も稼働したが，他機種では真似できない切り札アプリケーション（キラー・アプリケーション）が現れず，市場を開拓できなかった。

データフローマシンは，考え方としては，ノイマン型アーキテクチャからもっとも離れた存在である。データには処理上の属性が一体化してついている。ある変数が変化したら，他の変数も自動的に，すなわち全体処理プログラムの手を借りずに，データ自身が必要な変化をする。この考え方はデータ駆動型とも呼ばれ，表計算ソフト「エクセル」にも考え方としては応用されている。しかしコンピュータ機種として実用化されたものはない。

ニューロコンピュータと称される方式がある。これは，回路の機能が目的に最適化するように試行的／学習的にハードウェアで適応する仕組みになってい

るもので，指紋識別装置などに応用が広がる可能性があるが，これをコンピュータと考えるよりは，特定機能の学習機械と考える方が適切と思われる。もちろん速度を犠牲にすれば，普通のコンピュータのソフトウェアでも同じことを実現できる。

おわりに

「コンピュータアーキテクチャ」科目の主要な目的は，コンピュータの動き方を知ることである，と考えてこの教科書を作成した。また，この教科書は，学術的な意味よりも，実用性に重点を置いて，基礎技術力を身につけることを目指している。その場合のコンピュータ教材は，標準的なものであって，かつ分かりやすく，現在でも通用する技術レベルのものであることが望ましい。その目的で開発したSEP-Eを教材に使った。さらに，受講生の多数が，将来の業務として，入出力機器の制御や，ロボット制御に関係するであろうと想定し，その場合に必須となる入出力制御と割込み制御には相応のスペースを割いた。

逆に，アーキテクチャの思想とか変遷とかの観点からすると，歴史の浪間に消え去った第五世代コンピュータとかデータフローマシンとかには，あまり紙面を割いていないので，学術的な興味がある方々には自習をお願いする。他方で，高速化技術の中では，キャッシュメモリ技術とパイプライン技術は実用されているので，その説明には一定のスペースを割いた。特にパイプラインの使い方の上での注意，すなわちパイプラインハザードについては，相応のスペースを割いたつもりである。

筆者の経験からすると，コンピュータCPUに携わった技術者は，その後，担当業務が別の技術分野に異動しても，活躍した人が多い。そのことから，コンピュータCPUには，各種のデジタル機器に通じる基本要素技術を含んでいると考えられる。この教科書でコンピュータアーキテクチャを学んだ方々にもそのような将来を期待する。

コンピュータをより深く理解するには，次の段階（高学年）で，1つの具体的なCPUモデル，例えば，SEP-Eを自作することがベストである。そこで付録Ⅱの説明にあるように，SEP-E自作用VHDLコードを含む電子教材をURL

http://www.rts.soft.iwate-pu.ac.jp/rts_hp/comp_archi/

に準備したので活用してほしい。

すなわち，SEP-E自作（付録Ⅱ，223ページ）に取りくみ，その過程で多くの体験をすることが，SEP-Eひいてはコンピュータを体得する最良の方法と考える。

最後に新しい教育理念“アクティブラーニング”に通じる格言を紹介する。

「百聞は一見に如かず，百見は一験に如かず」（松下幸之助）

付録Ⅰ　演習問題回答例

【問題1】　コンピュータ内部に記憶された文字コード例えば文字“A”のコードは，0100 0001となる。これをもし2進数と見なすと65_dと見なされる。コンピュータは0100 0001を文字“A”と見るのか，数量65_dと見るのか，見分けることは可能か？（2.5節を参照）

【回答1】　コンピュータは，プログラムの中の命令の処理指示にしたがって0100 0001を処理するだけである。そもそも処理している対象が，文字であろうが数字であろうが，それは関知しない。見分ける必要がない。見分けることが可能か，と問われた場合は，0100 0001を見ただけでは見分けられない。コンピュータではなく，人間があえて見分けるならば，そのときのプログラムの文脈を遡って追跡すれば，文字として扱っているのか，数字として扱っているのか，見分けられる。

【問題2】　命令語とデータ語が同じ形であることは，不具合なこともある。どんなことがあるか？（4.1.6項を参照）

【回答2】　コンピュータが正常に動作している限りは不具合は起こらない。しかし，ある種のプログラムの誤りとか，ある種のCPUのハードウェア故障に対して，コンピュータは脆弱な一面がある。その脆弱性は，データと命令が同じ形をしていることが一つの原因になっている。具体例をあげると，ジャンプ命令のジャンプ先の番地を誤って，データが入っている番地へジャンプしたとする。すると，コンピュータは，その番地のデータを「次に実行すべき命令である」として，そのデータパターンを命令コードとして解読する。すると，それは無意味な実行を指示することになる。

その次の番地もデータが連続していることが多いので，それを次命令と解釈すると，再び無意味な動作を行う。これらを起点としてプログラムの暴走が始まる。暴走はときとしてメモリの主要なエリアを破壊しつくす被害をもたらす。近年のコンピュータには，この種の暴走被害を軽減するためのメモリアクセス権限とか，命令動作権限とかを設け，重要なメモリ領域の破壊動作を許さない仕組みが用意されている。

【問題３】 D-FFが３個（A,B,C）ある。お互いの間を図Q-03(a)のように直結している。スタートする前の初期状態（リセット状態）は，A＝１，B＝０，C＝０である。この後クロックパルスが連続して加えられる。このとき図Q-03(b)に示すタイムチャートにA,B,CのQ出力の波形を描け（5.2節を参照）。

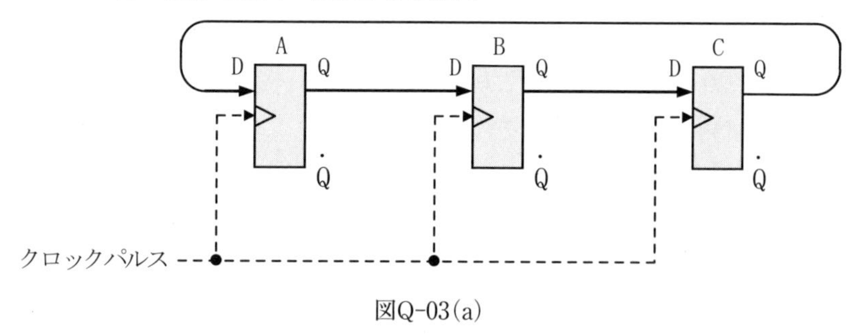

図Q-03(a)

【回答３】

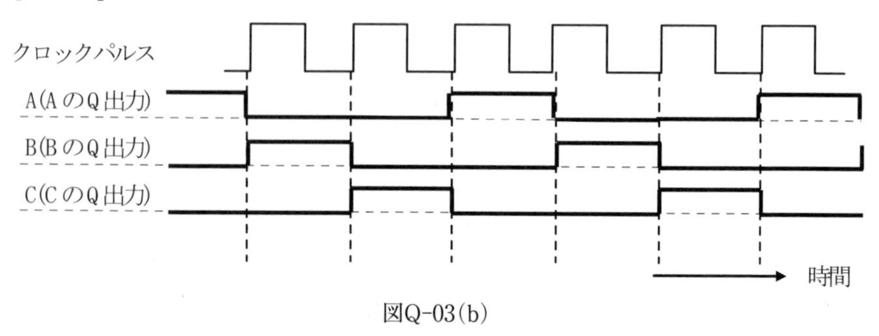

図Q-03(b)

【問題４】 ANDゲート動作模型図 図Q-04(a)と，ORゲート動作模型図 図Q-04(b)とどこが違うか比べてみよ。

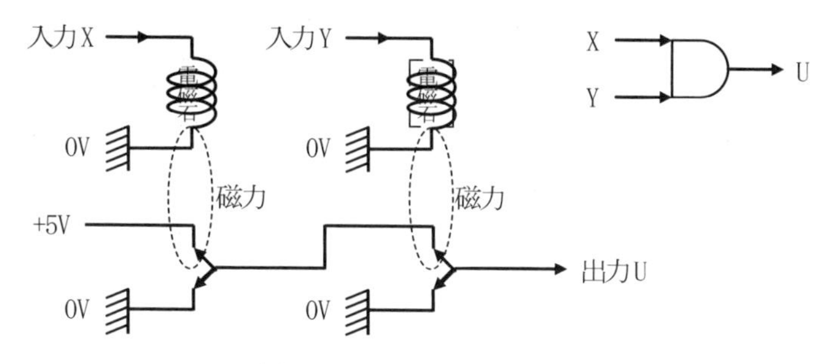

図Q-04(a)　ANDゲートの動作原理の模型

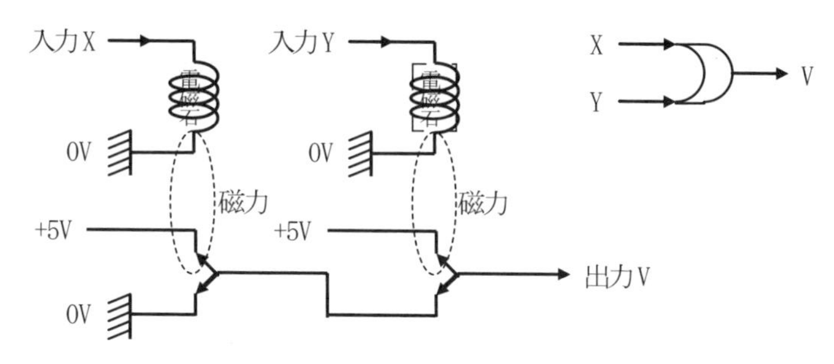

図Q-04(b)　ORゲートの動作原理の模型

【回答4】　ANDゲート模型図では，入力Xに感応する磁力接点と，入力Yに感応する磁力接点とが，＋5Vから出力Uへ向かう線の中で，直列につながっている。したがって入力Xと入力Yとが両方とも＋5Vとなって両方の電磁石が動作したときに限り，出力Uが＋5Vにつながる（1信号がUにあらわれる）。

ORゲート模型図では，入力Xに感応する磁力接点と，入力Yに感応する磁力接点とが，出力Vから＋5Vへ向かう線の中で，分枝状態につながっている。したがって入力Xと，入力Yと，どちらかでも片方が感応すれば，出力Vには＋5V（1信号）があらわれる。

【問題５】　ド・モルガン則（10）（11）式を証明せよ（6.5節を参照）。

【回答５】　ド・モルガン則の２つの関係式に含まれる論理信号は，XとYの２種類である。したがってXとYの，あらゆる入力パターンの組合せは，４種類（00,01,10,11）しかない（A列B列）。この４種類の組合せで，実際にド・モルガン則が成立することを表Q-05により確かめ（左辺＝右辺）れば，それが証明になる。

表Q-05

X	Y	$X \cdot Y$	$X+Y$	$\overline{X \cdot Y}$	$\overline{X+Y}$	$\dot{X}$	$\dot{Y}$	$\dot{X} \cdot \dot{Y}$	$\dot{X}+\dot{Y}$
0	0	0	0	1	1	1	1	1	1
0	1	0	1	1	0	1	0	0	1
1	0	0	1	1	0	0	1	0	1
1	1	1	1	0	0	0	0	0	0
A	B	C	D	E	F	G	H	I	J

ド・モルガン則
F = I　(10)式
E = J　(11)式

【問題６】　２進のままで（10進へ戻さず），２進数の加算（0011＋0010＝？）（011011＋001010＝？）を行え（7.2節を参照）。

【回答６】

```
      0 0 1 1            0 1 1 0 1 1
  +)  0 0 1 0        +)  0 1 1 0 1 1
  -----------        ---------------
      0 1 0 1            1 1 0 1 1 0
```

【問題７】　（7.2）（7.3）（7.4）（7.5）式で使っている関係式（6.4節を参照）を示せ。

【回答７】

$S = \dot{d}\dot{a}b + \dot{d}a\dot{b} + d\dot{a}\dot{b} + dab$　　（7.1）；分配則を使うと

$= \dot{d}(\dot{a}b + a\dot{b}) + d(\dot{a}\dot{b} + ab)$　　；（6.3）を使うと

$= \dot{d}(a \oplus b) + d(\overline{a \oplus b})$　　；（6.3）を使うと

$= d \oplus (a \oplus b)$　　‥‥　（7.2）

$C = \dot{d}ab + d\dot{a}b + da\dot{b} + dab$　　‥‥　（7.3）

$= \dot{d}ab + d\dot{a}b + da\dot{b} + dab + dab + dab$　　；分配則を使うと

（丸で囲まれた $dab + dab$ を指して）ダミー

$= (\dot{d} + d)ab + (\dot{a} + a)db + (\dot{b} + b)da$ ；補完即を使うと

$= ab + db + da$ ···· (7.4) ；分配則を使うと

$= ab + b(a + b)$ ；(12)式を使うと

$= ab + d(a + b)\overline{ab}$ ；(13)式を使うと

$= ab + d(a \oplus b)$ ···· (7.5)

【問題 8】 図Q-08のORゲートの各入力の信号を記入せよ。

【回答 8】 下図中に記入。

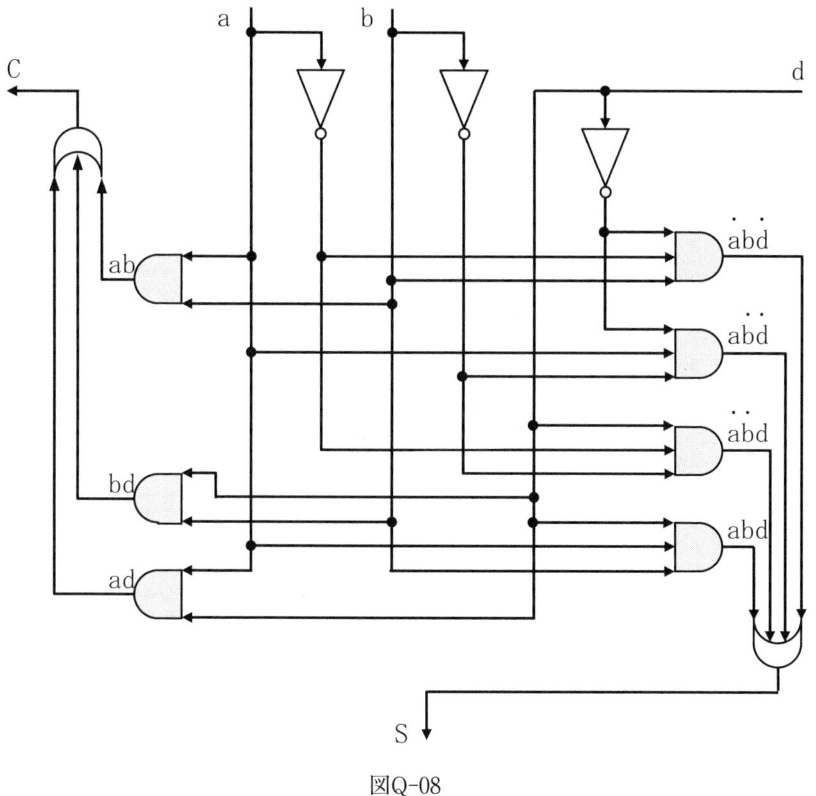

図Q-08

【問題９】 －Ｂを２の補数表現したときのデータスパンの長さがd＊でなくd＊＋１となる理由を，図Q-09を使って説明せよ。

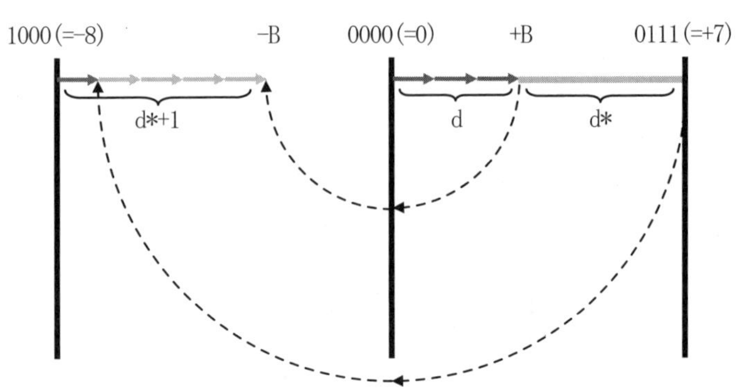

上図において+B(=0011=+3)のデータスパンをｄで表し、ｄの１の補数をd* で表す。
(1 の補数はデータ部ｄの 1, 0, を逆転したもので，今の場合 d+d＊=111)

図Q-09　２の補数でBから-Bを作る

【回答９】 図Q-09において，＋Bのデータスパンはdである。その１の補数のデータスパンはd＊であり，d＋d＊＝0111（＝7d）である。これに対して２の補数表現した-Bのデータスパンは，起点が-８なので，(d＊＋１)となる。

【問題10】 図７-１を参照し16ビット減算を行うためには，16ビットALUにどんな回路を付加すればよいか示せ（8.4節を参照）。

【回答10】 16ビット同士のA－Bを行うには，ALUの片方に16ビットの－Bを加えればよい。それにはBの２の補数をALUの片方に加えればよい。それにはBの１の補数を片方に加えつつ，さらに＋１するためにキャリーイン入力を加えればよい。図７-１にならってブロック図で示すと図Q-10のようになる。塗りつぶしたゲートを新たに加え，減算命令の実行タイミングで開く指示を出す（14章データ伝達制御参照）。

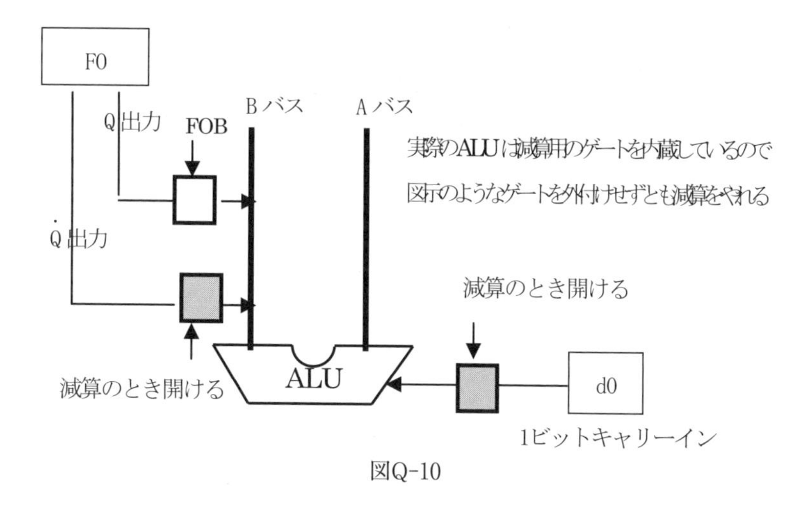

図Q-10

【問題11】 正＋負，負＋正では絶対にOVFは発生しない。その理由を説明せよ。

【回答11】 仮にA：正，B：負，|A|＞|B|であるとする。すると|A＋B|＝|A|－|B|＜|A|となる。

逆に|A|＜|B|ならば|A+B|=|B|-|A|＜|B|となる。正負を逆にして，A：負，B：正でも同様である。いずれにしても正と負を加算した結果の絶対値は，片方（絶対値の大きい方）の絶対値よりも小さくなる。したがって加算結果はOVFを起こさない。

【問題12】 コンピュータアーキテクチャの範囲は，「機械語プログラム（またはアセンブリ言語プログラム）を作成するプログラマが，正確で効率よいプログラムを作成するために，知っておらねばならないCPUの構造」の範囲とされている。この定義にしたがうと，図７－１にあるMAR，ISR，FO，TOはアーキテクチャの範囲内か／範囲外か？それはなぜか？

【回答12】 ４個のレジスタMAR，ISR，FO，TOはアーキテクチャの構成範囲には含まれない。アーキテクチャの範囲外のものである。機械語プログラムを作成する場合には，命令語の仕様や，メモリ番地に何を記憶させたか（メモリマップドIOも含まれる）の他に汎用レジスタR0～R7に何が格納されているかについて，命令の実行直前と直後の状態を知っている必要がある。しかしMAR,ISR,FO,TOレジスタについては，命令が実行される途中で，実行の都合上（またはハードウェアの都合上）で使われるレジスタであり，命令実行の仕様には含まれない。もちろんSEP-EのCPUにとって，MAR,ISR,FO,TOは不可欠なレジスタであり，これらがないとSEP-Eは動作しない。不可欠という意味では，CPU動作の司令塔である状態カウンタも同様である。しかし，プログラムを組む上では，それらは透明であり，知らなくても組める。

【問題13】 図11-3と図11-4に説明されている命令の実施動作を，シミュレータ上でクロックレベルで再現せよ。図11-3には記載されていないが，事前準備作業として，R7（PC）の内容を3300_hに設定し，メモリ3300番地に命令ADD,I2：I3を格納する。またR2に3043,R3に3045を設定し，メモリ3043番地に0A51を，3045番地に00FCを格納すること（11.2節を参照）。

【回答13】 シミュレータ解説を，シミュレータ自身と同じく
http://www.rts.soft.iwate-pu.ac.jp/rts_hp/comp_archi/
よりダウンロードして解読し，実行する。

【問題14】 図11-5の命令実行の動作をシミュレータ上で再現せよ（11.3節を参照）。

【回答14】 回答13に同じ。

【問題15】 MOV,F：D7を実行するとどうなるか？ JP,F：D7を実行した場合とどこが異なるか？（表10-2，11.6節を参照）

【回答15】 Fオペランドで指定している番地がR7にセットされる点では，MOV,F：D7とJP,F：D7とは同じであり，次命令がFで指定した番地から取られる（つまりジャンプ動作になる）。しかし，JP命令で

はPSWフラグが変化しないのに対して，MOV命令ではPSWフラグが変化するため，以降のプログラムに何らかの影響が起こりうる。ジャンプ動作としては，本来はPSWを変化させてはならない。

【問題16】 RET命令は，サブルーチンあるいは関数ルーチンから元のプログラムへ戻ってくるときに使う。逆にサブルーチンなどへ飛ぶときには，JP命令ではなく，CALL命令を使う。JPでは何が不都合か？（表10-2，11.6節を参照）

【回答16】 CALL命令は，JP命令によく似た動作を行うが，一手間多い。すなわち，CALL命令は単にジャンプするだけではなく，現在のCALL命令の次番地にある命令へ戻ってくることを前提としたジャンプ動作を行う。戻ってくるためには，戻り先番地を，ジャンプ先のルーチンへ伝える必要がある。そのため，CALL命令では，R7→（R6）を行いつつジャンプする。（R6）は，R6レジスタ（＝スタックポインタ）が指し示すメモリ番地の意味である。すなわち，戻り先番地＝R7 をスタックへ格納して，同時にジャンプする。

【問題17】 図11-10を参考に，JP,IP7：D7をJR,IP7：D7としたときの動作を図解し，またシミュレータで実行せよ。ただし即値は0100でなく0003とし，命令の所在番地は3300番地とする（11.6節を参照）。

【回答17】 3300　JR,IP7：D7

3301　0003

3302　　FF1が終わった時点で（R7）＝3302となる。

3303　　EX0が終わった時点で（R7）＝3302＋0003＝3305となる。

3304

3305

【問題18】 即値はなぜTオペランドとして使うことはないのか？

【回答18】 もし命令のTオペランドに：IP7 を指定すると，現在の命令の所在番地の次番地が命令動作のターゲットとなり，Fオペランドと絡み合って，当初の即値から，別の値へ書き換えられてしまう。即値はプログラム自身が持つ固定値として扱うのが目的なので，プログラム実行の過程で書き換えられることは，通常のプログラムでは行わない。

【問題19】 ADD命令でTアドレスモードが直接モードでは，TO＋FO→Ryでなく，TO＋FO→TO，Ryとなる。なぜか？

【回答19】 Tオペランドが直接モードならば，命令の動作のターゲットは，汎用レジスタRy自身なので，TO＋FO→Ry となる。したがって→TOは不要であるが，間接アドレス時との動作の統一のため，含めても無害なので，ダミー的に含めている。表12-4のEX0状態を参照のこと（この場合y＝2）。

【問題20】 NOP命令をデコードするANDゲートの入力信号を書け。

【回答20】 ISRの上位4ビットが0000であることを検知すればNOPである。
$\overline{IS_f} \cdot \overline{IS_e} \cdot \overline{IS_d} \cdot \overline{IS_c}$　ISR_bとISR_aとは不問でよい。

【問題21】 データ維持ループをわざわざつけてもD-FFでレジスタを構成する方が得な理由を考えよ（14.2節を参照）。

【回答21】 図14-4を参照する。もしこの図でR7がJK-FFで構成されていたら，R77は不要になるが，その代わりにSR7が1個では足りず，J入力側とK入力側の2個必要になる。したがってR7伝達ゲートの必要数の面では，同数で有利不利はない。しかし，Sバス全体の線の本数が16本→32本と2倍に増大する不利をともなう。これを避けようとすると，K入力の伝達ゲートの前段にNOTゲート（16個）を加える必要を生じる。どちらを選んでもその分はJK-FFを選ぶ方が不利になる。

【問題22】 表14-1の各行と図14-5の各ゲートの対応をつけよ。表の3行目が，図のANDゲート（4個の中の一番上のゲート）の入力項目7：に対応する理由を説明せよ（14.2節を参照）。

【回答22】 表14-1にはR7が出発点になるデータ伝達動作の全てがIF0，IF1，FF0，FF1，TF0，EX0の6個の状態で示されている。図14-5の伝達ゲートR7Aを開く条件信号は，６個の信号をORゲートで集めている。６個の信号のうち，上から３番目の信号は，**FF0**・（７：）となっている。この意味は，**FF0**状態のときで，かつFオペランドにR7が指定されているとの意味であり，モードについては，D,I,IPを不問である。モードを不問としている理由は， R7→MAR・TO／D7：,I7：,IP7：となっているので，これは全てのモードを意味する。実は他にMIモードが残っているが，MIモードは，R7と組み合わせて使われることはなく，MI6：としてのみ使われる。

【問題23】 図Q-23にならってHLT命令，CALL命令のデコーダを描け（14.4節を参照)。

【回答23】

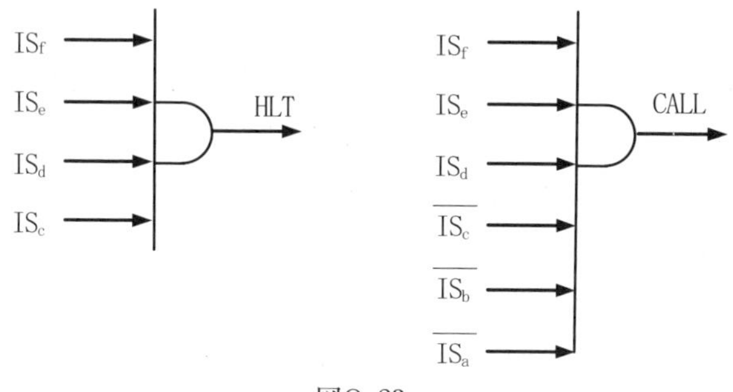

図Q-23

【問題24】 表15-2・３の場合は，IOポート指定のアドレスモード mm は間接アドレス指定に強制される。直接アドレスモード指定では何が不具合か？（15.3節を参照）

【回答24】 IN命令ではFオペランドとして間接アドレス指定することで，**FF1**状態へ遷移し，ここでPS#信号を発行してIOポートへアクセスできる。OUT命令ではTオペランドで間接アドレス指定することで**TF1**状態へ遷移し，ここでPS#信号を発行してIOポートへアクセスできる。これらがもし直接アドレスモードなら，メモリアクセス不要と判断して**FF1**や**TF1**へ遷移せず，IOポートへアクセスするタイミングがつくれない。すなわち，IOポートアクセスはメモリアクセスの延長線上で考えられる。これがメモリマップドIOの特性である。

【問題25】 0018番地：MOV,IP7：D7，0019番地：XXXX とすると，どうなるか？何が不具合か？（16.7節を参照）

【回答25】 この場合の0018番地は，割込み発生時に，対応する割込みサブルーチンへジャンプする直前の踏み台の番地である。このジャンプ動作を，もしMOV,IP7：D7 で実施するならば，このMOV命令によってPSWフラグが変化してしまうので，割込みされた元のプログラムのPSWが失われる。

【問題26】 R0～R4の退避に先だってR5を退避させるのは，なぜか？（16.8節を参照）

【回答26】 R0～R4の退避を先に行うと，その退避動作にともなってPSWが変化する危惧がある。そうなってはR5に保管されていた元のプログラムの最後のPSWが消えてしまう恐れがある。そうなる前にまずR5を退避することで，元のプログラムのPSWを確保する（正しくPUSH命令を使って退避すればPSWは変化しない）。

【問題27】 R6を退避すると何か不都合があるか（16.8節を参照）。

【回答27】 R6はスタックポインタS.P.を保持している。S.P.は，R6以外の全ての汎用レジスタの退避先アドレスを指定するものである。R6は，ユーザプログラムのレジスタ退避のみならず，それに重なって発生する高位の割込みルーチンのレジスタの退避にも，一貫して連続的に同じR6が使用される。もしR6を退避したならば，割込みルーチンが終了して，退避していたレジスタを復元しようとしたとき，どこへ退避したのか？その手がかりとなるスタックポインタ（S.P.）が手元になくなってしまう。

付録Ⅱ　市販FPGAボード上での SEP-E自作実習ガイド（電子データ）

CPUをより深く理解するには，1つの具体的なCPUモデルすなわち，SEP-Eを自作することがベストである。

以下の実習用教材を準備した。それらはFPGAボード教材（市販品ハードウェア[1]）を除いて岩手県立大学の下記サーバに下記電子データの形で搭載し，無料ダウンロード可能である（FPGAボードは有料市販品）。

http://www.rts.soft.iwate-pu.ac.jp/rts_hp/comp_archi/

上記URL上の電子教材のディレクトリ

+SEP-Eシミュレータ[2]（Java実行環境が必要）
+SEP-E 物理実習教材使用のためのデータ[3]（zipファイル）
　+ReadMe.txt（コピーライト情報含む解説）
　+Document
　　+SEP-E VHDL 記述解説書
　　+SEP-E 実習教材解説書
　+SEP-E （VHDLソース，オブジェクト）
+SEP-Eテストプログラム（pdf）
+ALU多機能ロジック解説書（pdf）
+SEP-Eアセンブラ（Java実行環境が必要）

1　三菱マイコン機器ソフトウェア株式会社　PowerMedusa MU500-RXSET01
2　詳細問合せ先：岩手県立大学　ソフトウェア情報学部　今井信太郎
3　詳細問合せ先：株式会社ネクスト・ディメンション　浅井　剛

索　引

【ソ】

【タ】

【チ】

【テ】

【ト】

【ナ】

【ニ】

【ロ】

【ワ】

著者略歴
曽我正和　岩手県立大学名誉教授・同大学地域連携センター顧問
博士（工学）（東京大学）
1958年　京都大学工学部電子工学科卒業
1960年　京都大学大学院電子工学専攻科修了・三菱電機入社
1990年　三菱電機情報電子研究所所長
1996年　静岡大学情報学部教授
1999年　岩手県立大学ソフトウェア情報学部教授
2006年　岩手県立大学地域連携研究センター特任教授を経て現在に至る
著書　コンピュータアーキテクチャ（三恵社），コンピュータハードウェア（三恵社），高信頼システムの構築と評価（三恵社）
（1章，9章，10章，11章，12章，13章，14章，15章，16章，17章）

新井義和　岩手県立大学ソフトウェア情報学部准教授
博士（工学）（埼玉大学）
1993年　東洋大学工学部情報工学科卒業
1995年　東洋大学大学院工学研究科博士前期課程電気工学専攻修了
1998年　埼玉大学大学院理工学研究科博士後期課程生産科学専攻修了
1998年　岩手県立大学ソフトウェア情報学部（助手，講師，助教授を経て）
2007年　岩手県立大学ソフトウェア情報学部准教授　現在に至る
著書　ドライビング状態の検出，推定技術と自動運転，運転支援システムへの応用（技術情報協会，共著）
（2章，3章，4章，5章，6章，7章，8章）

実践的技術者のための電気電子系教科書シリーズ
コンピュータアーキテクチャ

2018年1月22日　初版第1刷発行

検印省略

著　者　曽　我　正　和
　　　　新　井　義　和
発行者　柴　山　斐呂子

発行所　**理工図書株式会社**
〒102-0082　東京都千代田区一番町 27-2
電話 03（3230）0221（代表）
FAX03（3262）8247
振替口座　00180-3-36087番
http://www.rikohtosho.co.jp

Printed in Japan　ISBN978-4-8446-0855-4
印刷・製本　株式会社ムレコミュニケーションズ